バラの仕立てから草花選びまでよくわかる

月季新手百科

美しいバラの 庭づくり

[日] 后藤绿 —— 著

药草花园 陆蓓雯 —— 译

中信出版集团 | 北京

图书在版编目（CIP）数据

月季新手百科 /（日）后藤绿著；药草花园, 陆蓓
雯译. -- 北京：中信出版社, 2020.7（2023.5重印）
ISBN 978-7-5217-1771-6

Ⅰ.①月… Ⅱ.①后… ②药… ③陆… Ⅲ.①月季 -
观赏园艺 Ⅳ.①S685.12

中国版本图书馆CIP数据核字(2020)第062127号

UTSUKUSHIIBARANONIWAZUKURI by MidoriGoto
Copyright © Midori Goto,2015
All rights reserved.Original Japanese edition published by Ie-No-Hikari
Association.
Simplified Chinese translation copyright © 2020 by Beijing shijin baohe Culture
Commnication.This Simplified Chinese edition published by arrangement with
Ie-No-Hikari Association, Tokyo, through HonnoKizuna,Inc.,Tokyo,and
Future View Technology Ltd.

月季新手百科

著　　者：[日]后藤绿
译　　者：药草花园　陆蓓雯
出版发行：中信出版集团股份有限公司
　　　　　（北京市朝阳区东三环北路 27 号嘉铭中心　邮编　100020）
承 印 者：北京盛通印刷股份有限公司

开　　本：787mm×1092mm　1/16　　印　张：10.75　　字　数：150千字
版　　次：2020年7月第1版　　　　　印　次：2023年5月第7次印刷
京权图字：01-2020-0950
书　　号：ISBN 978-7-5217-1771-6
定　　价：78.00元

Introduction
自序

我作为"小松花园"月季苗木专营店的第二代继承人已经有 25 年时间了。我从小就与月季一起生活，在日本山梨县的大自然中倾听植物的声音，并从中获得知识，一直持续至今。

我希望能在植物与热爱植物的人们之间架起一座桥梁，把从亲身经历中收获的感悟一一传达出来，于是，在 2014 年我开设了一家概念店"ROSA VERTE"，专门展示月季与绿植的生活方式。而本书则是这种动力下产生的另一成果。

月季栽培过程中是会不断出现各种各样的困扰的，来到我月季课堂上的学生们就经常提出空间狭小、种植困难等问题，我都一一给出解答。因此对于实践中所遇到的诸多麻烦——从初学者的惴惴不安，到植物长大后所带来的诸多烦恼——希望本书能够为大家提供切实有效的帮助。

有花相伴能让心灵更加丰富，让我们一起享受被植物包围的生活，亲手打造书中梦一般的美丽庭院吧。

Contents
──目录──

第一章　月季在花园里的演出

第二章　打造月季与草花组合的花园

第三章　让月季美丽盛开的栽培基础

月季是
可以自由造型
来欣赏的花木

Roses Can Be Enjoyed
As You Wish

牵引枝条
藤本造型

"芭蕾舞女"
这个月季品种带有藤本性，
牵引之后枝条就会伸长。

使用不同的造型方法，同一月季品种也能打造出不同的庭院风格。

比如"芭蕾舞女"这个品种，枝条留长或是修剪截短，

就能变换出不一样的美妙姿态。

修剪，牵引，进行立体的造型，从而打造不同的风景，

这是我们能在月季花园里享受到的乐趣之一。

本书将打造美丽的月季花园所必需的各种造型方法的要诀，

以及让花园更具观赏性的创意方法，通过大量案例的形式介绍给大家。

打造美丽的月季庭院的
各种造型方法

How Would You Like to Enjoy Roses in Your Garden?

想拥有一座月季庭院，可以从希望月季带来什么样的景致开始，尽可能把想法具体地描绘出来。

比如从月季下穿过，在庭院中度过悠闲时光，用月季装点小径……

通过本书提供的月季造型方法的参考案例，大家可以即刻开始梦想中的月季庭院计划。

房屋外壁和围墙
都被玫瑰色染遍，
四处都是
满满盛开的花朵

想要这样的效果请前往 **58** 页

向往月季花拱门，
每次穿过时都香气袭人，
令人心旷神怡

想要这样的效果请前往 **20** 页

在月季花环绕的
庭院中度过悠闲时光

想要这样的效果请前往 32 页

用月季装点与邻居或
街道之间的区隔栅栏，
看起来更美观

想要这样的效果请前往 44 页

在庭院中添上
一丛月季，
打造一个视觉焦点

想要这样的效果请前往 72 页

入口处或花坛里，
月季自然开放，
迎风招展

想要这样的效果请前往 90 页

栽种草花和铁线莲，
打造有如月季协奏曲
的庭院

想要这样的效果请前往 101 页

月季栽培必备的 7 个工具

入手月季苗之前，先把栽培和养护月季所必需的工具准备好吧。
工具的选择应注重品质，选择那种可以长期拥有、好用又便利的工具。
养成良好的习惯，如刀具、挖孔器之类的工具，使用完之后，要把上面的污渍和水擦拭干净。

1

修枝剪刀

建议选择适合手掌大小的、锋利、耐用的优质产品。

有它更便利

剪刀手柄套

将套绳缠绕在剪刀柄上，可以防滑，操作更轻松，也更具时尚感。

2

修剪手锯

修剪大枝条时不可缺少的工具。最好选择刀刃较长、顶端较细的修剪手锯，因为这样的形状拉动起来更方便，便于使用。

还有这样的

可以折叠的小型手锯，携带方便，粗枝条也能轻松锯下来。

3

皮手套

为了防止月季刺到手指，建议操作时戴一副皮革手套，选择不要太大、适合手掌的尺寸。

还有这样的

可以套到手肘处的长手套，需要挪动或修剪枝条时，戴上它就能放心操作。

4

麻绳和园艺扎带

把枝条绑到支柱上的必需品，其中麻绳适用于较粗的枝条。园艺扎带建议选用不显眼的茶色。

有它更便利

棕榈绳

要捆扎较粗的枝条时，使用棕榈绳更安心，因为它不会陷进枝条里。

5

挖孔器

挖掘种植孔时，深翻土壤不可或缺的工具。选择符合自己需要的柄长和重量。

有它更便利

小园艺叉子

可用于混合少量泥土，或插入盆里疏松土壤，是非常便利的工具。

6

移植铲

适用于挖掘较浅的土壤。为了能够长期使用，最好选择不锈钢材质，并且不给手腕造成负担的产品。

还有这样的

铲体较深的移植铲子，混合土壤或给盆栽加土时非常好用。

7

水壶

选择喷头大且带有很多小孔的水壶，能洒出柔和的水流，而且最好喷头能够取下。

有它更便利

耙子

春季到秋季除草后，用耙子在土壤表面轻轻耙梳，整理平坦，非常好用。

月季可以采用两种观赏性的造型方式。

一种是藤本造型方法，把枝条留长，让它攀缘到支撑物上。

一种是灌木造型方法，塑造直立的株型，让它丰满地开放。

藤本造型特别适合拱门、廊架、凉亭、栅栏、塔形花架……

这些众多的月季的表现形式里，到底要选择哪种样式呢?

恐怕谁都有过犹豫不决的时刻。

在下面这一章里，我会告诉大家不同品种月季适合的造型方式、种植管理要诀，

以及二三年后可能会发生的问题和解决方案。

导览

第 一 章

月季在花园里的演出

月季的性质及有效利用的方法

Ways to Use Different Types of Roses

株型 **1**

藤本月季

藤本月季具有藤条一般的生长特性，不能自立而需要依靠支撑物，长枝条可以自由牵引，如果能充分发挥它的特性，就能为庭院造就丰富多彩的风景。枝条一般可伸展至2~5米，粗细、硬度因品种而不同。就具体类型而言，向上方伸展的攀缘型和横向伸展的蔓生型，其枝条的性质也不尽相同。微型藤本月季如果地栽的话，植株壮实之后枝条可以旺盛地伸展。根据要攀爬的场所，选择适合的品种也很重要，多数藤本月季都是一季开放，重复开放和四季开放的品种近年来有所增加。

三个主要类型

攀缘型

枝条强力向上伸展，株高2米以上，伸展的枝条会因为自身的重力而呈现拱形，在弯曲的部位着生华丽的中大型花朵。此类型品种丰富，适合用于拱门、凉亭、墙面等造型。月季系统＊里用CL、LCl表示。

蔓生型

柔软的枝条匍匐状伸展，枝条长度可达5米。此类月季多花型（一根枝头上开出好几朵花）品种较多，一朵朵小花成簇开放，生命力旺盛。基本属于一季开放，在开花季可以形成壮观景象，特别适合凉亭、墙面、栅栏等造型。月季系统里多用HMult、HWich等表示。

微型藤本

枝条长长伸展的微型月季，枝条柔软，容易牵引，适合拱门、栅栏、塔形花架等各种造型。盆栽种植的微型藤本月季，可让其攀爬在网格架上作为阳台和中庭的视觉焦点。月季系统里用ClMin表示。

＊关于月季系统请参考第15页。

根据株型的不同，可以分为藤本月季、半藤本月季、直立月季三大类。每类株型的枝条长度、伸展方式等都有很大差异，应根据实际种植场所大小和想要实现的造型效果做出判断，选择最适合的株型。除此之外，品种的选择也应慎重。

株型2
半藤本月季
（灌丛月季）

大多数古老玫瑰和英国月季都属于半藤本月季，具有代表性的自然株型特点是枝梢向下微垂，姿态丰满，不过也有接近攀缘型的藤本品种，以及接近直立型的品种，另外还有一些不具上述特征的其他品种。

塑造这类株型可用的方法很多。通过修剪调整枝条的长度，造就想要的株高；温暖地区可以通过牵引的方法，使其成为藤本造型使用。花朵的颜色、形状、开花方式、香气等纷繁复杂。有四季开放、重复开放、一季开放等不同品种。

三个主要类型

直立型

直立的丛生造型，枝条直立向上生长，不占空间，特别适合在宽幅窄而高的构造物上使用。此类品种有较强的伸展力，有能长到 2.5 米左右可用于拱门造型的品种。月季系统里表示为 S、HMsk，以及古老玫瑰的一部分。

横向型

直立的丛生枝条，柔和地横向舒展，适合在草坪等相对宽阔的空间种植。让它独立生长成自然株型，更能发挥出美感。月季系统里表示为 S、HMsk，以及古老玫瑰的一部分。

半横向型

直立的丛生枝条，稍微横向伸展，但不会过分扩张，特别适宜攀附低矮栅栏生长。月季系统里表示为 S、HMsk，以及古老玫瑰的一部分。

株型 3
直立月季
（灌木月季）

不需要任何支撑物就可以直立的品种，所代表的株型被称为直立株型。根据枝条的伸展方向，可分为直立型和横向型，都可以通过修剪来控制株高。在当年新生的枝条上开花是其一大特性。此类月季基本都是四季开放的品种，花色多样，富有魅力。不同的直立月季彼此组合，或者与宿根植物组合，可以成为花坛或庭院的主角。培育成大株后可以移植，需要在开花季重新配置花坛景色时非常适用。

三个主要类型

直立型

直立的丛生植株，枝条竖直向上伸展，花朵也向上开放。由于宽幅不大，哪怕是较小的空间也可以栽种，如不超过 1.5 米的低矮栅栏、纵深 30厘米的狭小花坛。月季系统里用 HT 表示。

横向型

直立丛生、稍微横向扩展的株型。它比直立型需要更多的空间，若是增加枝条数量，可以在开花季造就华丽的景象。月季系统里表示为 F，以及古老玫瑰 Ch、P 的一部分品种。

紧凑型

株高为 50~80 厘米，宽幅比较紧凑，适合种植在花坛前方或者盆栽时使用，又包括直立和横向两类。月季系统里表示为 Min、Pol，以及古老玫瑰 Ch、T 的一部分。

开花季有三类

无论何种株型或系统的月季，一到春季都会开花。

而春季过后能否开花、开几次花，根据不同特性可分为三大类，可以按用途选择相应的品种。

四季开放

春季过后，修剪残花以使新的花枝生长，直到晚秋为止可以不断开花。半藤本、藤本月季第二次开花结束，后面的花都会比春天的花效果差一些。

重复开放

也叫作两季开放，春季开花后，夏季到秋季会再开一次花，第二轮的花期较不规则。

一季开放

只在春天开一次花，开花时很有气势，古老玫瑰、藤本月季中的多数属于这一类。许多品种在秋季可以欣赏蔷薇果。

奥菲莉亚

勒内·维多利亚

博比·詹姆斯

月季的主要系统

月季分为三大类，原种蔷薇、古老玫瑰和现代月季。月季系统是根据这三大类以及杂交过程再细分而成的。系统与月季株型的关联性很强，具体特征简要总结如下。

原种蔷薇

存在于世界上的野生品种，多为一季开放。日本有13种野生品种，其中3种为现代园艺做出了贡献。原种蔷薇在月季系统里表示为Sp。

古老玫瑰

1867年，第一号现代月季品种"法兰西"诞生之前培育的品种，大多数属于一季开放。

现代月季

第一号现代月季"法兰西"之后培育出的品种，大多数属于四季开放，颜色、形状种类丰富。

古老玫瑰的主要系统和标识符号

A 阿尔巴玫瑰：一季开放，直立株型和半藤本株型较多。

B 波旁玫瑰：中国月季 × 秋花大马士革杂交而成的系统，香气好，重复开放。

C 百叶玫瑰：一季开放，花瓣多，枝茎呈柔软弓形。

Ch 中国月季：四季开放居多，株型紧凑。

D 大马士革玫瑰：基本属于一季开放，香味被称作"大马士革香气"，枝条纤细多刺。

G 高卢玫瑰：一季开放，花朵颜色多为红色，气味芳香。

HP 杂交常青玫瑰：四季开放性强，接近现代月季，虽从株型来说被归为半藤本月季，实际上枝条呈放射状伸展，也可用于藤本造型。

M 苔藓玫瑰：一季开放居多，花萼与花茎上都有苔藓状纤毛，株高不等。

N 诺伊赛特玫瑰：麝香蔷薇 × 中国月季的杂交系统，四季开放居多，开花较迟。

P 波特兰玫瑰：古老玫瑰 × 中国月季的杂交系统，四季开放居多。

T 茶香月季：四季开放，香味被称作"茶香型香气"，株型容易凌乱，可用于盆栽。

HMult 杂交多花蔷薇：日本野蔷薇原生杂交种，藤本株型，生长力强，花朵小簇开放。

现代月季的主要系统和标识符号

HT 杂交茶香月季：大花，四季开放的直立月季。

F 丰花月季：成簇的中花，四季开放的直立月季。

CL 藤本月季：藤本株型月季，有一季开放和四季开放品种。

LCI 大花藤本月季：大花的藤本月季。

Min 微型月季：小花或植株是小型的月季，四季开放。

CIMin 微型藤本月季：藤本株型的小型月季。

Pol 小姊妹月季：野蔷薇 × 中国月季杂交而成的系统，成簇小花，四季开放，多为高度不超过1米的紧凑直立型。

S 灌丛月季：不能归类为其他系统的品种，株型具有直立品种和藤本品种之间的特性，四季开放居多。

HMsk 杂交麝香蔷薇：来自麝香蔷薇，半藤本株型，横向伸展，四季开放居多。

HRg 杂交玫瑰：日本野玫瑰的原生杂交种，四季开放居多，耐寒性强。

HWich 杂交光叶蔷薇：日本光叶蔷薇的原生杂交种，藤本株型，生命力旺盛。枝条柔软，匍匐状伸展。

了解月季枝条的
伸展方式、培育方法
What You Need to Know to Grow Rose Stems

月季是木本花卉，与树木生长出带有年轮的主干的方式不同，其主干是复数的枝条，而且一边更新一边持续生长，因此像样的株型至少也要培育三年以上才行。只有先了解枝条的性质，才能培育出健壮的枝条。

1. 更新笋枝，让植株返老还童

所谓笋枝和侧笋，是指 5~10 月从植株基部或枝条中间生长出来，长势特别旺盛的粗枝条。月季就是以这种笋枝逐渐生长成主干的方式来伸展，并加以修剪、牵引造就株型的。从根基部位生发出的叫笋枝，从枝条上生发出的则叫侧笋，只有笋枝会成为植物非常珍贵的主干。但是，笋枝的寿命也不过 3~5 年。新的笋枝生发之后，老枝条就开始劣化，开花不良。这时需要剪掉旧枝条、培养新枝条，这叫作枝条更新。枝条

每次更新，月季就会重新开始旺盛地生长。人们通常希望看到灌木月季在视线以下开花，但是如果植株不能生发出笋枝的话，慢慢地就会越长越高，株型也会越来越难看。藤本造型的月季枝条按顺序更新，枝条老了会劣化，观感也就不好了。叶子是否生机勃勃，新芽是否不断生发？需要经常关注月季的这些健康指标。防止植物衰弱，年年保持常新，就要不断地更新枝条。

2. 大前提是培育月季发出笋枝

虽然品种和栽培环境各不相同，但大多数月季都能一年生出一根或几根笋枝来。剪掉旧枝条，更易发出新枝条。如果不能发出新枝条，这株月季等到冬季就无法按照原来希望的样子去修剪了。而为了在夏季能生发出新笋枝，冬季翻松月季根部的土壤是很有必要的。每年冬天，把月季植株附近土壤

挖出 40~50 厘米深，加入堆肥，让土壤变得松软。夏季多补充些水分也非常有效。这样经过 3 年，如果枝条还不能如愿生发，植株还不能壮大的话，就要重新审视栽培环境了。要是在土壤改良一年之后没有发出新笋枝，可能是种植地点的光照有问题，或是月季品种不合适，可尝试移植或更换品种。

不易发出笋枝的品种，应好好珍惜旧枝条

有一些月季品种原本就不容易生发出笋枝，这样的品种即使经过多年，主干也无法更新。但是它们的枝条寿命通常会比较长，旧枝条始终可以开花。此外像"保罗的

喜马拉雅麝香"这类品种，枝条上会不断发出新侧笋，只是不能从基部发出笋枝，所以就不要剪掉植株根部的旧枝，只通过侧笋更新即可。

利用笋枝增加枝条数量

灌木造型

要让月季的植株从基部生发出笋枝，一般采用回剪枝条促进分枝的方式。此方法可以使枝条数量增加一倍，开花数量也大大增加。许多人购买直立月季盆栽苗后，希望维持购买时的形态，实际上那并非是完成的株型。"培育新枝条"才是月季造型的开始。

藤本造型

在笋枝长到目标位置之前不要修剪它，而是要让它专心生长。为了促进植株发出复数笋枝，事先整顿好栽培环境非常重要。此外在发出粗壮的笋枝前把细枝条剪掉，让营养更为集中，也是初期比较有效的手段。

维持还是更新？须慎重应对

灌木造型能够达到需要的枝条数量，藤本造型的枝条能够完全覆盖目标地点，这时造型就完成了。但完成造型后的植株仍会发出新枝条，那时就要不断观察植株的整体形态，通过修剪来更新。

有些人在剪掉枝条时总是很犹豫，要记住，枝条更新才能让月季开出更好的花、发出新的笋枝。植株长势最旺盛的时候，就是更新枝条最好的时机。只要能发出笋芽来，就是植株还有余力的表现。

发挥旧枝条余热时要注意

如果枝条数量已经足够，每根枝条也十分粗壮，能开出美丽的花朵，这时可以将新生的笋芽剪掉，让养分集中到旧枝上以更好地延续寿命。但是要注意，用旧枝维持株型一般以三年为限；另外，笋芽也不是每年都能生发，随着枝条整体变老，不排除不再发出新笋枝的情况，常常有第四年还能开花但就是不萌发笋芽的情况，须注意观察。

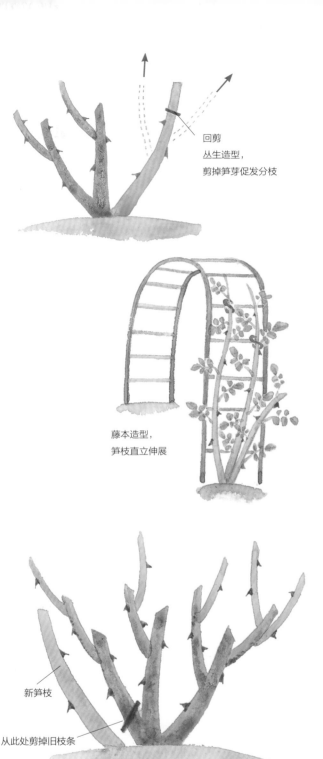

回剪
丛生造型，
剪掉笋芽促发分枝

藤本造型，
笋枝直立伸展

新笋枝

从此处剪掉旧枝条

枝条更新时，尽量多用新笋枝而剪掉旧枝条，以维持原来的枝条数量

在月季枝条的培育过程中，特别需要了解"顶端优势"这一特性——最高处的芽头优先获得养分而生长，其他侧芽则暂时处于休眠状态。若剪断顶端枝条，让侧芽变成顶芽，整株月季的新芽就可以均衡地生长了。直立月季会在新生的枝条顶端开花，可以充分利用这种顶端优势来塑造株型，让它在希望的高度开出花朵。修剪时应给顶端留下壮实的芽，可以开出更多更好的花。藤本造型则需要在冬季将伸长的笋枝横向倒下牵引，打破顶端优势，可以长出更多花芽。

想象灌木造型的开花位置

月季并不是在枝条的修剪之处开花，而是在由剪口附近的芽生发出的枝条上开花。不同品种的花枝的长度各不相同，在慢慢积累经验的过程中就会逐渐了解了。

修剪成统一的高度

顶端优势作用于每一根枝条，给枝条排出优先顺序，个子高的枝条生长好、开花多，因此将枝条修剪成统一的高度，让剪口附近的侧芽也变成顶芽，这样就能在同样的时间发出同样的芽，并在同样的高度上开花。只是修剪之后，枝条的生长和开花会受到日照和土壤等环境因素的影响，发生变化。

想象藤本造型的开花位置

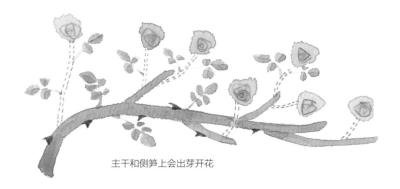

主干和侧笋上会出芽开花

把伸展的枝条弯曲到水平

如果让藤本月季的枝条向上竖直生长的话，就会因为顶端优势，而出现营养向枝条顶端集中，最后只在顶端开花的现象。尽可能把枝条弯曲到水平方向，让枝条上的侧芽生长到统一的高度，营养也得到相对均衡的传送，就可以在春季开出大量花朵。枝条水平弯曲后，顶端只长叶子，可以在铅笔粗细的地方将枝条剪断。

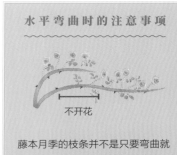

水平弯曲时的注意事项

不开花

藤本月季的枝条并不是只要弯曲就会开花。如果枝条过长，靠近根部的地方就不太会开花了。不易开花的部位，可将其他枝条拉过来填补。

竖直后不停地生长

将藤本月季的笋枝竖直立起，顶端优势开始发挥作用，它就会不停地向上生长。

笋枝在春季开花后向上生长时，若放任不管，可能会被风吹断，或因枝条自身重力而导致顶端被压弯，从而生长停滞。所以新生的笋枝应尽早用支柱支撑起来，或固定在建筑物上进行保护。在达到必要的长度之前，都应有支撑物来做保护。

拱 门 造 型
Roses over Arches

从月季花下穿过

通常拱门会设在花园正门、玄关前的通道等入口处，或架在庭院小径中间，用来改变环境氛围。
此外也可以放置在花园的角落，创造一个供人欣赏的视觉焦点。但拱门的主要用途还是区隔空间。

要点❶ ### 何种场所？

位于北侧缺少日照的场所是不适合的，西晒严重的地点需要保证充足的水源浇灌。避免种在有其他树木的根系会伸展到的地方，或者土壤过于板结的地方。同时不可忽略的是，拱门两边的外侧都要有可以种植月季的空间，拱门前方不宜放置太多杂物，因为从拱门下穿过时人们的视线通常会集中在那一点。

配合红砖外墙，宽幅的木制拱门涂成了茶褐色，其上牵引鲜红的月季"都柏林湾"，一座耀眼的梦幻拱门便出现在眼前。将红色这种原色用于花园通常难度是比较高的，但用法得当就可以成为富有魅力的主角。

要点❸ ### 何种月季？

"藤夏雪"这种没有刺也不会横向伸展，始终竖直向上生长的攀缘型月季是很好的选择，而且容易牵引。如果希望经过拱门时闻到花香，有香味的月季品种可列入选择。拱门左右均等开花才会产生比较好的效果，因此应尽可能在左右两侧栽种同一品种，或栽种不同品种但同色系的月季。选择花枝短的月季，可在开花季时看到密密匝匝的花朵。

要点❷ ### 何种拱门？

如果门脚是简单的梯状，建议选择间隔较宽的；如果是格状，则选择大格的。这样养护时比较方便操作。宽 1.5 米、高 2 米左右的铁艺拱门较为常见，但应根据周围建筑物等环境风格综合考虑自己需要的拱门尺寸和材质，与周围环境的融合度越高越美观。

三座拱门相连的门口

有一定纵深的门前小径，用三座月季拱门相连，有如在入口处开了一个月季隧道。由于右侧没有种植空间，就将左侧花坛里伸出来的月季枝条覆盖到拱门上。门口的"龙沙宝石"异常华丽，后方则是香味清新的月季品种。

和栅栏相连的白色月季拱门

藤本蔓生型月季"白花巴比埃"，将门柱上的枝条拉到左手前方的栅栏上，连续牵引。让拱门与左右两侧的栅栏连接起来，充分发挥"白花巴比埃"旺盛生长的枝条美感。

架在小径上的拱门散发出独特的光彩

在两侧开满花的小径上添一座拱门，小径顿时
变换出浪漫的气氛，让庭院的景色更有立体感，
魅力倍增。直立半藤本的英国月季品种"瑞典
女王"，开花时散发出特有的没药香气。

独具魅力的定制拱门

近3米高的定制拱门，以二楼以下的门、窗、墙壁
作为背景。拱门顶端有别致的设计，牵引时需注意，
枝条伸展后不要把这部分盖住。拱门两侧的月季品
种是"草药"和"洛可可"。

质朴的木制拱门，借景群山

这座庭院有着得天独厚的地理位置，可以借景群山。木制拱门与自然风格的庭院非常搭，其上牵引小花多花的藤本品种"羞红蔓生月季"，疏松飘逸。

大型拱门搭配两个半幅拱门，从屋外延伸到庭院

屋外的宽阔木地板前设置了一座大型月季拱门，所种月季是晚花的"蓝蔓"品种。而左右两侧满溢开放的黄色月季，乍看好像是牵引到墙壁上，实际只是半座拱门从侧面看过去的效果。

从侧面横看的效果

1米宽的单幅拱门与屋外墙壁相接。前方（正面右手边）种植了月季"黄昏"，后方（正面左手边）种植了蔓生藤本月季"奥古斯特·格尔维"。拱门同时还兼有平台上的遮阳防晒功能。

从盆苗开始打造拱门的秘诀

月季种植第一年，以培育主干粗枝条为主，次年春季就可以想象月季在拱门上开放的样子了。
植株壮实、枝条数量增加，这是第二年以后的事。

开始

在距离拱门脚下 20~30 厘米的地方种植

20~30cm

设置拱门后，在距离门脚 20~30 厘米处，分别在拱门左右两边外侧挖出种植穴，栽下种植苗（参考第 136 页）。盆苗（参考第 134 页）株高大约 60 厘米，将支柱向拱门方向倾斜固定，以利于牵引枝条。开花的种植苗需要先将花朵剪掉后再种植。

第一年夏季

从基部发出粗壮的笋枝，竖直生长

从月季苗的植株基部和枝条上发出的粗壮笋枝，是要作为主干来精心培育的，注意不要折断，将其小心地捆扎固定在拱门上。这样的笋枝有 1~2 根就可以了。当初购买时的枝梢伸展出来的枝条通常比较细，不能作为主干培养。

第一年冬季

伸展的枝条顶端稍微横向牵引

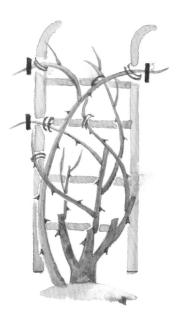

第一年枝条的发育差距较大，从长成的枝条开始造型。将粗壮的笋枝从枝头较硬的部位剪断，顶端横向牵引，枝梢向上，确保长势不会变弱。细枝条弯曲牵引。

也可以盆栽！

枝条在生长过程中需要充足的水分，所以最关键的就是保证有足够的水供应，当然也不可过多。选择 12 号以上的花盆，使用排水性好的土壤。尽早更换大盆会比较轻松。

向反方向伸展怎么办

由于笋枝没有及时固定，因自身重力导致枝条向相反方向倒下的话，就很难再掰回正确的方向了。只能勉强将它拉到拱门上，但如果基部扎根不牢就不能这样处理，否则可能会拉松根部。所以，如果还有其他后备的枝条，不妨干脆放弃，从地面剪断这根笋枝，等候再发新芽。

没有粗壮的笋枝怎么办

如果只有细枝条，就把顶端剪去 5~10 厘米，让它们呈扇形分布，下一年可能就会发出粗壮的笋枝。此外，从春季开始就要充分地给月季浇水和施肥。

第二年春季

观察花枝的数量和长度，开花后剪掉残花

上一年冬季牵引后的枝条上会生长出15~20厘米可以开花的花枝，花枝长度会因品种而不同，需要留心观察，并作为次年的参考。花苗种植后的第二年春季，拱门下部就开始开花了。开花后需要剪掉残花。

第二年夏季

培育 3~4 根新出的笋枝

日照充足的月季，此时会不断发出枝条，如果变得非常拥挤，就从细弱的枝条开始修剪。粗壮枝条的顶端容易受到害虫侵袭，需要格外注意。到拱门弯角的地方之前都不要强行弯曲枝条，沿着拱门曲线小心固定，不要折断。

第二年冬季

选择壮实的枝条，修剪、牵引，枝条不要交叉重叠

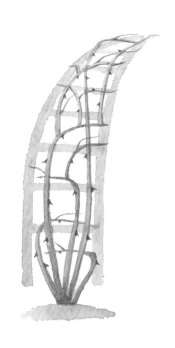

向上牵引枝条，同时留出足够的间隔。把枝条贴紧拱门固定，将来开花时会更好看。左右两侧的枝条可能会在拱门顶部交会，需要剪除重叠在一起的部分。因为枝条过多养分就会分散，花朵也会变小。

 小贴士

雨季也要注意浇水

虽然夏季雨水充足，但雨落下时容易被茂密的叶子遮挡住，实际上可能到不了植物根部。所以要根据土壤的干湿程度来浇水，才能让枝条更好地生长。

 小贴士

全体开放

枝条顶端修剪时不要齐平剪断，而是要让剪口朝向各个方向，这样可使整棵植株冒出花蕾。拱门脚下部位通常难以开花，可以把距植株底部30厘米左右的数根细枝条弯曲向下拉，补足下面的花量。注意用扎带或是麻绳捆扎之处不应太多，否则叶子发出时太过密集，容易形成阴影而影响开花。

第三年以后拱门造型的应对方法

第三年以后，月季植株变得更加健壮，不仅是笋枝，细枝条数量也会增加，整体因过于繁茂而变得乱糟糟，难以管理。所以尽量在春季或夏季就开始整理枝条。

枝叶过于繁茂

春季
开花过后，从拱门顶端开始修剪

春季开花过后，把拱门顶部呈圆弧形伸展的花枝全部回剪到门顶处，这样沿着门顶伸展的枝条就会更加好看。并且修剪顶部后，基部也更容易发出新笋芽，防止植株老化。挑出需要疏枝的枝条及时剪除。对于新伸出的笋枝或次年可能开花的、直径1厘米的所有枝条，确定好方向后将它们小心固定，不要折断。

夏季
从内侧疏枝，直到可以看得见外面

春季生长的枝叶覆盖后，从拱门内侧就看不到外面了，这意味着枝叶过于茂密。这种情况下很容易发生黑斑病、白粉病以及红蜘蛛等病虫害。保留2~3根次年有用的主干枝条，然后从细枝开始修剪，直到可以看见外面为止。

冬季
选择粗壮的枝条修剪

粗壮的枝条逐年增加，必须做出取舍。将多余、方向不好以及不能贴实到拱门上的枝条全部剪除。当旧枝上发出新枝以后，很难下定决心从植株的基部剪除，但是这样下去只会出现月季上部枝条繁茂的景象，并不好看，鼓足勇气剪除旧枝条，才更利于基部发出新笋枝。

枝叶不伸展怎么办?

检查日照、土壤、肥料等情况

首先要保证水和肥料是充足的。有时浇水会被枝叶遮挡，一定要认真地给根部浇水。同时挖开基部土壤查看，如果土壤是板结状，说明土地内部很干燥，应在休眠期进行土壤改良（参考第145页）。此外，检查基部有没有短枝条，或者其他草花是否过于繁茂，造成日照不良的问题。除此之外，牵引时不要水平方向进行，而要竖直向上牵引。

冬季和夏季伸展不够的枝条，要想让它长势旺盛，可尝试拉起来竖直牵引。

一个人也可以完成的拱门搭建方法

爬满月季的美丽拱门，大家普遍认为一个人是很难独立完成的。其实靠个人力量也是可以很容易地把拱门搭建起来的。重要的操作要点是必须保持水平。下面介绍一个没有水平仪也可以完成的方法。

1 定位好拱门的落脚点，挖出种植孔，置入速干水泥容器。种植孔的深度一定要超过桶的高度。把拱门脚放入桶中观察。

2 为了让容器稳定，可以在穴底铺上一层薄薄的小石子。把水平仪放在两个容器上，根据水平仪的显示调整石子量，保证两边高度一致。

如果没有水平仪，就用透明塑料瓶倒入有色液体，放到一块板子中间。当液体水平时就可以了。拱门对侧两脚同样操作，左右两侧是否水平也要确认。

四脚都处于水平状态后，把种植孔和桶之间填满土。注意不要让拱门脚的位置移动，插上一根塑料支柱，用绳子固定住。

速干水泥中加入水，混合搅拌均匀后，倒进拱门四脚下的容器里。像罐头盒一样的容器也有足够的力量使拱门保持稳定。

2~3小时后水泥凝固，再把土覆盖上就完成了。速干水泥进入排水沟容易发生堵塞，因此清洗水桶的液体最好直接倒在院子角落里处理掉。

适合拱门造型的月季

图鉴的查看方法

<u>藤本·攀缘型</u>／<u>株高 3 米</u>／<u>花径 10 厘米</u>／<u>重复开放</u>／<u>CL</u>

表示株型及其类型　大概株高或　大概开花　开花季　所属月季系统
（参考第12~14页）　藤条长度　尺寸　（参考第15页）　（参考第15页）

科尼利亚 ↑

Cornelia

半藤本·半横向型／株高 2.5 米／花径 3~5 厘米／重复开放／HMsk

人人都喜欢的柔和雅致的花色，用于拱门造型的人气品种。重瓣花，秋季会再次开放。枝条长，长势旺盛，适合用于高栅栏和塔形花架造型。

都柏林湾 ←

Dublin Bay

藤本·攀缘型／株高 2 米／花径 8~10 厘米／四季开放／LCl

花量超大，花朵褪色少。笋枝多，沿着拱门牵引会把拱门的轮廓全部铺满。重复开放，可以长时间欣赏到美丽的景色。也适合用于墙面造型。

欢迎 ⬅

Bienvenue

**半藤本·直立型／株高 1.5 米／花径 10 厘米／
四季开放／S**

带花边的花朵成簇开放，华丽且香味浓郁。其名字是法
语"欢迎"的意思。枝条直立强健，除拱门外还非常适
合塔形花架造型。

龙沙宝石 ⬇

Pierre de Ronsard

**藤本·蔓生型／株高 3 米／花径 10 厘米／
重复开放／LCl**

柔和的水粉色系人气品种。笋枝笔直生长，花头重，开
放时微微下垂，最好种在需要抬头观赏的位置。适合拱
门、墙面和较高的栅栏。

藤金兔 ➡

Gold Bunny, Climbing

藤本·攀缘型／株高 3 米／花径 8~10 厘米／重复开放／CL

拥有引人注目的鲜艳花色。开花性好，成簇开放，花茎较短，适用于拱门造型。抗病性优良，品种强健。也适合用于塔形花架和栅栏造型。

芽衣 ⬇

Mei

藤本·微型藤本／株高 2.5 米／花径 2~3 厘米／重复开放／ClMin

柔美的浅桃红色花朵和深绿色叶子形成绝美搭配。杂交亲本"梦乙女"是具有优良抗病性的藤本月季，竖直伸展，容易牵引，枝条垂下时也很美。本品种的花朵比"梦乙女"稍大一圈，适合用于栅栏和塔形花架造型。

藤夏雪 ↑

Summer Snow, Climbing

**藤本·攀缘型／株高 4 米／花径 5~6 厘米／
一季开放／ CL**

仿佛飞舞的雪花般美丽的花朵，给人非常纯
净的印象。枝条少刺，特别适合用于常有人
经过的玄关前的通道。此外也适用于栅栏、
塔形花架、墙壁等。

蓝紫花 ←

Blue Magenta

**藤本·蔓生型／株高 3 米／
花径 4~5 厘米／一季开放／ HMult**

枝条少刺，容易牵引。大型花簇，开
花初期是明亮的紫红色，渐渐变成浓
郁的紫色。开花时花朵会压低花枝，
适合用于拱门和向上观赏的凉亭，墙
壁也可以。此外本品种植株强健，可
以栽培于半阴处。

凉 亭 造 型
Roses over Pergolas

在月季的包围中度过悠闲时光

一边安静地坐在花园的凉亭里享受悠闲时光，一边喝茶或用餐，同时飘来月季的芳香，欣赏着月季的娇美之姿，
无论是谁都会梦想拥有这样一处小天堂。这也是月季庭院设计的最高境界。
而实际上凉亭属于大型构造物，设置凉亭的时候需要考虑它在庭院里的观赏效果。

在宽阔的庭院中心设置一处大型凉亭，简单地摆放一张小桌和四把椅子，不管从哪个角度看过去都是一处靓丽的风景。图中为"阿尔弗雷德·卡利埃夫人"等三种重复开放的月季品种。

要点 1 ●
何种场所？

完成后的凉亭就如建筑物一般地存在于庭院之中了。比起近看，凉亭更适合远观，特别是从南侧看过去花朵尤为美好。如果打算在庭院中心建造凉亭，四周要有足够大的空间才行，否则会影响通行，反而碍事。最好的选择是放弃庭院中心部位，根据日常的行动路线和养护时梯子的位置谨慎考虑，从而找到合适的位置。

要点 2 ●
何种凉亭？

首先应注重安全性，要有一副坚实的骨架，能经受住冬季的大雪和夏季的台风、暴雨。凉亭的造型应与整个花园的风格相协调，木制凉亭适合自然风格的庭院，铁艺凉亭拥有特殊的花纹与曲线美，适合更为奢华的庭院。如果想在凉亭下设置桌椅，先确定好人数再选择桌椅的尺寸为好。

要点 3 ●
何种月季？

大多数人会首选四季开放的藤本月季。但生长迅速、一季开放、多花型的月季品种，可以快速让凉亭成型。种上一两株一季开放的蔓生型月季就很有效。蔓生型月季的枝条即使垂下也会开花，试想从凉亭的顶部垂下花枝，该是多么的美丽。比起混种各种颜色的月季，单色的渐变色调会更加和谐。

点亮整个庭院的小小月季露台

在 2.5 平方米左右的空间设置一座两扇拱门交叉而成的凉亭。拱门四脚种上不同的月季品种。其中"赛琳·弗雷斯蒂"（左侧）、"潘妮洛佩"（右侧），都是花色柔美的四季开放的半藤本月季。

香气馥郁的大花月季花幕

在地处高台的庭院栅栏上，盛放着"西班牙美女"，即使远看也十分醒目。冬季，把3根粗壮的枝条牵引到凉亭顶部；次年春季，纤细的花枝就会因沉重的花朵而垂下，酝酿出一片柔美的风情。

活用紫藤架打造壮丽的"月季瀑布"

庭院最深处的月季"保罗的喜马拉雅麝香"和"弗朗索瓦·朱朗维尔"，正在这座寒冷地区的庭院里怒放。寒带地区要用月季覆盖宽阔的空间，最好选择耐寒、生长力强、一季开放的多花型藤本月季品种。

带座椅的凉亭，
小空间休憩场所

根据凉亭大小定制配套的座椅。
在这个时尚的小型凉亭里，"龙
沙宝石""马美逊花园"包围下
的座椅成为花园里的头等座席。

绚丽的"月季舞台"

映衬着"蓝紫花"的白色凉亭，设置在从屋里和
阳光房都能看见的地方。由于庭院中已有其他休
闲凉亭，这里的凉亭下就做成了花坛来种草花。

从盆苗开始的月季凉亭造型秘诀

面积较大的凉亭，前两年应让月季自由伸展枝条，尽早覆盖凉亭顶部位置。

注意要把枝条紧紧贴到凉亭上，开花时造型会更好看。

太阳的不停运转，容易让枝条向各个方向生长，因此及时固定为好。

开始

在距离凉亭脚下 30 厘米处种植

为了让植株基部也能晒到太阳，种植时可以稍微倒向亭脚的柱子方向。如果枝条够不到柱子，可用支柱把枝条斜向牵引到柱子上。

30cm

小贴士

种在北侧的月季

凉亭中总会有两处月季的方向是朝北的。像这样被阴影遮挡的时间长，日照条件不佳的位置，可以多种一株月季，显得丰满些，弥补长势不良的缺陷。盆栽的话，可以使用较大的花盆来种植。

第一年夏季

让地表冒出的笋枝竖直生长

枝条总是朝太阳的方向生长，可以把新生出的枝条松松地捆扎在柱子上，不要折断。如果因柱子位置的不同出现了生长差距，要注意给长势较弱的植株添加液肥和活力剂。

小贴士

用 U 形钉牵引

如果凉亭是木制方形的粗柱子，就比较难把枝条固定到上面。将 U 形钉钉到柱子上，牵引时会更加轻松。

第一年冬季

牵引 3~4 根，植株下部紧贴在柱子上

将竖直生长的粗枝条沿着柱子螺旋形松松地卷上去。为让营养集中到主干而尽快生长，要把基部的短枝、细枝、枯枝都剪掉。

小贴士

尽量缠紧一些

固定枝条时，从植株基部开始到枝头都要紧贴着柱子缠绕，可使月季开放时姿态更加美观。

注意别让枝条乱钻

支撑柱上有花纹装饰的铁艺凉亭，开花后伸展的枝条容易从内向外钻出花纹格子，如果放任它一直长到顶部，冬季牵引时就很难再拉动枝条了。所以要在枝条伸展时经常查看，将其统一拉到外侧固定。

第二年春季

认真观察花枝的生长方式，开花后剪掉残花

开花时需要对月季持续进行观察，开花后剪掉残花，小枝条大量开花的品种可以在此时剪除细枝。注意预防黑斑病，别让叶子染病凋零。健康的叶子越多，月季长得越健壮，就越容易发出新枝。

第二年夏季

剪掉主干上的侧笋，让植株专心生长

梅雨时节到8月盛夏是枝条生长最旺盛的季节。在使用活力剂和液体肥料后，枝条开始飞速生长。长到足够高度时，就将它固定在亭柱和凉亭顶部边缘。基部细弱的枝条可以剪掉。

第二年冬季

牵引时枝条间保持均匀的间隔，顶部也要覆盖

枝条伸展，花朵主要集中在亭柱周围开放。如果不知道怎么牵引，就将上部2~3根枝条绑成一束，虽然不能覆盖整体，但也不用着急。

小贴士

凉亭顶部直角处发出的枝条怎么办

凉亭顶棚的4个角上发出的枝条，不仅不容易牵引，开花时还会堆在一起，并不美观，可以直接剪掉。

小贴士

枝条不能如愿伸展怎么办

地面坚硬干燥、排水不良，就会造成月季根系腐烂，到了冬季要进行土壤改良。盆栽的根系则容易盘结而生长不佳，需要在冬季翻盆加土。

小贴士

优先选择部分枝条并让其笔直生长

如果从基部发出的粗枝条较多，营养分散，枝条就长不长。为了让枝条早些到达凉亭顶部中间位置，可以优先选择3~4根枝条让它们笔直向上生长，注意不要让枝条弯曲，并将其固定好。

第 三 年 以 后 凉 亭 造 型 的 应 对 方 法

凉亭造型前一两年的主要任务是让枝条早日伸展到凉亭顶部，覆盖顶棚。

达成目标任务后，上部枝条还会继续生长得更加壮实，下部枝条则变得越来越稀疏。

所以第三年以后，就要限制上部枝条的伸展，让基部增加侧笋，这样整座凉亭的月季都能美丽地绽放。

顶部繁茂而侧面萧条

夏季

从基部开始促进分枝

要想让凉亭下部也有丰盈的形态，需要保证三大条件：让植株的基部晒到太阳，给枝条充分的伸展空间，有足够的水来浇灌。

有新枝条发出时，就将它剪到膝盖高度，这样可以促进下部的分枝生长，冬季就能长成很可观的样子了。有时枝条会弯成弓形，需要将它竖起来并固定好。

冬季

修剪到可以从架下望见天空

冬季修剪凉亭的顶棚部位时，保留从架下能望见天空的枝条数量就足够了，多余的部分就应该剪掉。通常情况下，枝梢容易集中到中央区域，修剪时可以错开些，枝条的剪口越分散开花越均匀。

新手在修剪时喜欢保留较多向上伸展的枝条。实际上，让凉亭下部有较多枝条而顶棚少些更能产生安定感。当年发出的新枝，即使达不到主枝的长度，也可以开出很多花，把它们横向牵引就好。

整体分量不够丰满

要确认日照、土壤、肥料等相关因素

若枝叶生长不良，最应该着手处理的时间是 6 月。这时枝条还不伸展有可能是土壤的问题，等到冬季时要采取改良土壤的措施。如果有的月季苗无论怎样都无法适应生长环境，可以尝试改种一株本品种的其他花苗。

不同形状的凉亭造型建议

除了最基本的四根立柱型凉亭外，还有各种各样的凉亭造型。

下面列举三种比普通四柱型更小巧，适合放入小空间的凉亭。我们一起来看看这些凉亭的月季造型方法吧。

宽阔的拱门型

加宽了的宽幅拱门用作凉亭，即使周围四个方向都没有空间也可以设置，是相对来说比较不挑场地、适用性很强的凉亭类型。在日照好的方向种上1株月季，反方向种上2株为宜。2米左右高度的凉亭，可以种植半藤本月季。

圆拱型

状似圆拱，有不同的尺寸大小。如果高度有2.5米，就可以在入口处左右各种1株月季，圆拱后方中央再种1株，让伸展的枝条把整个圆拱包围起来。因为背后要用月季全部盖满，圆拱最好是朝向东或南的方向设置。

十字拱门型

状似两座交叉的拱门，每个脚下种上1株月季。比起四柱凉亭，这种凉亭顶部空白较大，但每个方位的生长差异性较小。塑造这类造型时，最好不要让月季枝条从拱门下方冒出来。枝条整理得越整洁，造型越有立体感。

增加凉亭的立体感

通常凉亭造型的原则，是选用同色系或渐变色系的月季品种，紧密地贴合支架牵引。

这样就不会轻易失败。此外还须注意，4株月季中前方的2株应从柱子到顶棚笔直地牵引，展示出凉亭的骨架之美；而后面两株则要精微松散地向顶棚牵引，让它自然飘逸地开放。整座凉亭会因立体感而更加美丽。

建议的品种组合

展示凉亭骨架的月季，可选用深粉色或深红色等颜色较为浓郁的品种；后方蓬松开放的月季，可选用诸如诺伊赛特玫瑰、杂交麝香蔷薇、藤本茶香月季等品种。如果想要大小花型混合的效果，可以用"保罗的喜马拉雅麝香"和"艾萨克佩雷太太"等，以选择开放时间相同的种类为宜。

适合凉亭造型的月季

图鉴的查看方法

藤本·蔓生型 ／ **株高 5 米** ／ **花径 3~4 厘米** ／ **一季开放** ／ **HMsk**

表示株型及类型（参考第12~14页） 　大概株高或藤条长度 　大概开花尺寸 　开花季（参考第15页） 　所属月季系统（参考第15页）

保罗的喜马拉雅麝香 →

Paul's Himalayan Musk

藤本·蔓生型 ／ **株高 5 米** ／
花径 3~4 厘米 ／ **一季开放** ／
HMsk

用于大型凉亭，枝条下垂，花期最盛时可以有数千朵花同时开放，非常壮观。初开时为粉色，慢慢变成淡粉，最后褪为白色，让人不禁联想起盛开的樱花。枝条生长力强，但又不过分繁茂。用于塔形花架和拱门造型时须控制一下枝条的数量。

安云野 ←

Azumino

藤本·微型藤本 ／ **株高 2 米** ／
花径 2~3 厘米 ／ **一季开放** ／
ClMin

花朵可爱，生命力顽强的微型藤本，是很好养的人气品种。适合凉亭，枝条缠绕牵引可以做出非常好看的造型。也适合拱门、栅栏和塔形花架造型。

藤冰山 ⬆

Iceberg, Climbing

**藤本·攀缘型／株高 3 米／花径 7~8 厘米／
重复开放／ CL**

多花，数量稳定，花型不易散乱，是非常方便好用
的月季品种，基本是万能型，适用于塔形花架、栅
栏、拱门、墙壁等多种构造物。温暖地区夏季到秋
季不容易开花，可以在植株脚下再种一株四季开放
的灌木"冰山"。

塞维·蔡斯 ➡

Chevy Chase

**藤本·蔓生型／株高 3 米／花径 2~3 厘米／
一季开放／ HMult**

开花较晚的品种。小花，多花，枝条垂下时也
可以开出很多花。花枝短，可以勾勒出构造物
清晰的轮廓，特别适合想用深色花装扮凉亭的
人。也适用于塔形花架和栅栏造型。

蓝蔓 ⬆

Blue Rambler

藤本·蔓生型／株高 4 米／
花径 4 厘米／一季开放／ HMult

生命力旺盛，在半阴处也能长势良好。
花心为黄色，花瓣带有白色条纹，花色
随着开放和不同时间而变化。蓬松的花
簇爬满凉亭，景色壮丽迷人。用于塔形
花架和拱门时，选择性地保留一部分枝
条就可以了。

吉斯莱娜 · 菲力贡德 ➡

Ghislaine de Feligonde

藤本·蔓生型／株高 3 米／花径 5 厘米／
重复开放／ HMult

继承了野蔷薇的血统，开花性极佳，带有
透明感的花瓣仿佛从天空中落下的雪花一
般。如果不希望植株太大，可以将枝条从
中途剪断，促进细枝生长。适用于塔形花架、
拱门、栅栏、墙面造型。

西班牙美女 ⬅

Spanish Beauty

**藤本·攀缘型／株高 4 米／花径
12~13 厘米／一季开放／LCl**

开花较早的品种。波浪形花瓣宛如舞
裙，韵味十足，开花时花朵下垂，适
合向上观赏的凉亭。枝条伸展力强，
少刺，容易养护，也适合墙面和拱门
造型。

克里芭斯奇尔 ⬇

Crepuscule

**藤本·攀缘型／株高 3 米／花径 6~7
厘米／重复开放／N**

开放时反卷的杏色花瓣美丽动人，可以很
好地融入周围的景致。枝条半横向伸展，
也适合用于栅栏和墙面造型。重复开放性
好。半阴处也可以种植。

栅　栏　造　型
Roses on Fences

月季装点的独特栅栏屏障

栅栏有各种大小的尺寸。种上几株月季，把它变成美丽的视觉隔断，或者种上一两株将其打造成视觉焦点。
若是在房屋的外围打造一圈月季栅栏，就是一道愉悦路人的美丽屏障。

同时开花的两种月季组合在一起也非常吸睛，图为"勒内·维多利亚"和"藤冰山"交相辉映。考虑到通风和操作便利，选用大格子的栅栏来牵引更为合适。

要点 1 ●
何种场所？

沿街的房屋或邻家之间需要一道栅栏屏障，一般设置在房子的外围。月季种在栅栏的内侧，需要注意光照是否充足，土壤深度是否足够。没有土或土质太硬的地方需要用容器栽培，植株最高能长到 1.5 米左右，横向拉伸每株约为 1~2 米；南向种植要保持 2~3 米的间隔，半阴处种植则要保持 1~1.5 米的间隔。

要点 2 ●
何种栅栏？

不要选择格子过于细密的栅栏，因为枝条很快就会钻出格子伸到外面去，要是格子的间隔够大就可以将枝条拉回来，也防止枝条变粗后被格子卡住。栅栏的设计要与庭院景观保持和谐，然后按自己的喜好选择。从操作上来说，则是竖条的栅栏更容易操作，细条的栅栏更方便固定枝条。

要点 3 ●
何种月季？

比起大型伸展的藤本月季，扇形扩张的半藤本月季（灌丛月季）品种更适合栅栏造型。"格特鲁德·杰基尔""杰奎琳·杜普蕾""芭蕾舞女"等四季开放性强的品种都是很好的选择。栅栏不需要用月季全面覆盖，随意地散落古老玫瑰或其他枝条柔软的月季，就已十分优美。

装点入口处或庭院的微型月季花幕

"梦乙女""雪光""芽衣"这三个品种的微型藤本月季组合出的可爱栅栏，设置在入口旁的花坛里，穿过房屋的侧面，从中庭也可以看到。栅栏立在花坛边缘再往里一些的位置，底下种上草花，更加赏心悦目。

大胆牵引，形成一张开满月季的"画布"

多花型的半藤本品种"莫扎特"和其他几种藤本月季，一起装点着路边拐角处的栅栏。横条木板之间有两只手臂宽的间隔，通风良好。牵引时将U形钉钉在木板上进行固定。

打造小径尽头的美丽风景

藤本月季与雕像可谓最佳搭配。在长长的小径尽头设计一处带雕像的喷泉，不仅美观还可以将其当作栽种容器使用。后面的栅栏上攀缘着月季"薰衣草拉西"，华美绚丽。底下是木板栅栏，上面改为间隔较大的铁艺栅栏。

微型藤本月季的枝条自然飘逸

微型藤本月季"罗兰爱思"装饰的低矮栅栏。为避免越过栅栏的枝条太乱，在很多处进行了捆扎固定。后面的枝条则随性伸展，带来更好的观赏效果。

突显空间感的自然月季墙垣

半藤本月季"科尼利亚"代替墙垣将庭院围起来。枕木搭成的栅栏作为中心支撑部分，除此之外则以周围的树木和铁丝来支撑，远远看去美不胜收。

用可爱小花装点手工栅栏

中庭长长的低矮围栏上，装点着小花蔓生藤本月季"吉斯莱娜·菲力贡德"。围栏自身的设计已经足够有魅力，可爱的小花月季仅作为点缀即可。

四季开放的月季组成的两段重叠的栅栏

以"利奇菲尔德天使""丰盛"等白色月季为基调的花坛，种植了若干个四季开放的品种。因为处于和邻居家的交界处，随着月季的生长，需要不断将背后的栅栏加高。只有纵向木条的栅栏，进行枝条管理和养护时非常方便。

自然地划分空间又能成为视觉焦点

朴素的木栅栏涂刷成祖母绿色，上面蓬松地牵引微型藤本月季"珍珠贝"。整个造型甜美温馨，而且和周围的植物搭配起来十分和谐，洋溢着优雅娴静的美感。

从盆苗开始的栅栏造型秘诀

栅栏的高度和宽幅各不相同，选择月季品种时要考虑长成之后的植株大小，与栅栏的尺寸是否相符。
低于 1.5 米的栅栏很快就会被枝叶盖满，注意别让枝条太过茂密，尤其是种在路旁的月季，
为了枝条的安全也别让它伸到路上去。

开始

品种选择的基准：
栅栏高度 +1/2 栅栏宽度
＝ 株高

1.5 米高、2 米宽的栅栏，大概需要株高 2.5 米的月季才能盖满。如果栅栏的柱子底下有水泥地基，一定要避开。一般会种在栅栏板前的中央位置，为便于管理，可保持 20~30 厘米的距离。

小贴士
株高要和环境相称

株高一般都会在购买时的植物标签和商品目录上有说明，但因生长环境不同可能会发生变化。如果把栅栏设置在半阴场所就要多种上几株。栅栏高度的规格以 1.2 米、1.5 米、1.8 米居多，1.5 米以下的栅栏适合种植半藤本月季或直立月季。

第一年夏季

新枝发出，向希望攀爬
的方向牵引

叶子繁茂就会发出笋枝，这是将枝条顺着想要的方向牵引的好时机。可以左右移动枝条，但强行拉扯枝条就会折断，所以最初不需要过多考虑形状，让植株长得茂盛即可。

小贴士
南向栅栏需注意
枝条的朝向

枝条总是向着太阳伸展的，南向的栅栏，枝条常常会长到栅栏的另一侧去。为避免枝条伸出栅栏，每当枝条伸展时就要把它固定好。夏季的任务是培养枝条，只需稍微弯曲一点即可，不要完全躺倒。

第一年冬季

横向牵引新枝，
枝条间隔均等

把所有的枝条都放下来。从下面开始将枝条躺倒横向牵引，离地面最近的枝条距离地面 20 厘米；枝条顶端从较坚硬的部位剪断，与地面平行固定。将整株月季从基部到顶端都固定好。

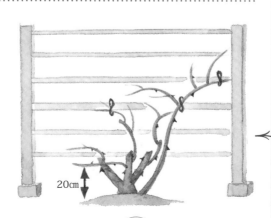

20cm

小贴士
尽早进行操作作业

由于栅栏外侧的日照较好，枝条容易长到外面去，而冬季随意拉扯一般也不会弄伤枝条，所以在枝条变硬之前应尽早将伸出去的枝条拉回来。如果实在拉不回来，就干脆剪掉，再重新长出新枝条。

牵引时不要遮挡栅栏上的装饰物

有些栅栏上带有精美的装饰物，注意牵引时不要将它们全部遮盖，若隐若现地展露为好。图中的栅栏上镶嵌了好几枚彩色玻璃的定制品，此外牵引时也应注意将蜿蜒的线条展示出来。这里用的月季品种是"欢笑格鲁吉亚"。

第二年春季

观察花枝长度和数量，开花后剪掉残花

认真观察花枝的长度，在培育枝条的过程中，有了残花要及时剪掉。注意不要将植株的基部全部挡住，要把下部的叶子摘掉，有利于通风，也更容易长出笋枝。

小贴士
**剪除高出栅栏
1米以上的枝条**

比栅栏高出1米以上的枝条，到了冬季也没有让它攀爬的空间。保留1米的高度，将多余部分剪掉。

第二年夏季

小空间要限制枝条数量，促进笋芽生发

笋芽会不断生长出来。在空间狭小的地方，要是已有足够的枝条数量，就保留新枝剪掉旧的细枝。新枝不要躺倒牵引，而是和第一年夏季一样，让它向斜上方生长，逐步适应。

小贴士
**确保植物
长势良好的方法**

如果将主干上伸出的细小枝条全部截短，植物吸收水分和营养的能力就会变弱，枝条容易老化。因此在每根主干顶端保留一根长的侧笋，可以保持强劲的生长力。

第二年冬季

牵引时全体枝条均匀分布

枝条与枝条的间隔可以根据花枝的长度来决定，合理的间隔大约为一根花枝的长度。枝条的顶端稍微错落会更好看。粗壮的笋枝上发出很多侧笋时，要注意限制枝条数量，主干的线条才会更好看。

第 三 年 以 后 栅 栏 造 型 的 应 对 方 法

月季有向上生长的特性，高度不够的栅栏几年后就没有攀爬的空间了。
这时要将老旧的枝条剪掉，其他枝条下拉，在上部制造出新的空间。

没有枝条伸展的空间

冬季

枝条更新，向下移动一段

前

后

剪掉左图中两根黄色老枝条后腾出的空间，将绿色的两根主干向下挪动，这样上部有了空间，过满的枝条也得到整理。粉色部分是非常老的枝条了，已经不能开花，但还可以保留，因为枝条更多向左右伸展导致中间变得光秃秃的，老枝条的叶子正好能衬托出整体的繁茂。

从枝条分枝的地方把旧枝条剪掉

如果不知道该剪哪一根，就将分枝的枝条中较老的那一根剪掉。月季自身也会区分优先顺序来输送营养，随着枝条不断老化，只留下茁壮的枝条就可以了。

疏除过于密集的枝条

枝条数量过多，枝条的间隔太小的话，要把老枝条剪掉，给新笋枝腾出空间。

枝条总是长不长

在月季品种和种植间隔上下功夫

栅栏上的月季出现这个问题多半是因为日照和土壤。背阴栅栏要选择可耐半阴、生命力旺盛的蔓生月季，或缩小植株间距多种上几株。土壤深度不够的话，使用能加土的抬高式花坛，或者盆栽也可以。

活 用 迷 你 栅 栏

栅栏常给人一种铺满一整片的感觉，其实它还可以代替支柱来使用，搭配枝条柔美的古老玫瑰或更有自然风格的月季，打造成一个迷你栅栏。

植株基部牢牢固定，枝梢随性自由

要让迷你栅栏看起来美观，重点在于从植株基部到中部都要牢牢贴合在栅栏上，这部分越牢固，越能让人感觉月季的基部非常稳固，看起来也更整齐美观。枝梢则不需要固定，让它随性柔美地舒展即可。要是选择大花月季，花朵有可能会把花枝压断，可根据不同的品种特点进行调整。

在小花坛边靠窗的位置设置一个 1.5 米高、40 厘米宽的迷你栅栏。距离墙面 20 厘米，保证有良好的通风。从栅栏上凸出来一些细枝条也没关系。

"千叶玫瑰"是香味十分出众的品种。修剪后可以直立，发挥它柔软易伸展的藤条特性，可以营造出更加优雅的氛围。

低矮的栅栏可以并排栽种直立月季

栅栏总是让人想起它与藤本月季的搭配，实际上搭配直立月季，也能营造出独特的氛围，还可以打造四季开放的景观。高 1~1.5 米的栅栏，栽种时每株间隔约 1.2 米，选择长成后不会高于栅栏的品种即可。

适合栅栏造型的月季

图鉴的查看方法

半藤本·半横向型 ／ **株高 1.5 米** ／ **花径 11 厘米** ／ **四季开放** ／ **S**

表示株型及其类型　　大概株高或　　大概开花　　开花季　　所属月季系统
（参考第 12~14 页）　藤条长度　　尺寸　　（参考第 15 页）（参考第 15 页）

无名的裘德 ←

Jude the Obscure

半藤本·半横向型／株高 1.5 米／花径 11 厘米／四季开放／S

深杯型开放的可爱花朵，有着水果般的芳香。在温暖地区枝条生长旺盛，可以攀缘到栅栏上，在塔形花架上大量开放时非常壮观。也可修剪成灌木造型。

鸡尾酒 ↓

Cocktail

半藤本·半横向型／株高 2.5 米／花径 5 厘米／四季开放／S

被分类为灌木月季，生长旺盛，花期早，中心的黄色会随着开放慢慢变红。品种强健，易于培育，适合长栅栏和拱门造型。

杰奎琳·杜普蕾 ⬇

Jacqueline du Pre

**半藤本·半横向型／株高 1.5 米／花径 7~8 厘米／
四季开放／S**

光彩照人的绯红色花蕊，纯白的花瓣，仿佛舞者的裙
摆一般曼妙。花枝纤细，伸展力强，枝条长长后可以
用于攀爬拱门。植株强健，耐修剪，也可修剪成灌木
造型。

塞居尔夫人 ⬆

Comtesse de Segur

**半藤本·横向型／株高 1.5 米／花径 8~9 厘米／
四季开放／S**

花瓣数量多，可造就华丽的景观。枝条呈弧形伸
展，容易凌乱，应注意及时固定。想保持直立形
态的话要留出足够的空间。也可用于塔形花架
造型。

轻轻哭泣 ↑

Gently Weeps

半藤本·横向型／株高 1 米／
花径 8 厘米／四季开放／S

略带绿色的白花，夏季开放时格外清爽。属于灌木月季，株型不易扩张，适合低矮的栅栏和塔形花架造型，也可以种在草坪上让它蓬松地开放。

欢笑格鲁吉亚 →

Teasing Georgia

半藤本·横向型／株高 2.5 米／花径 10 厘米／
四季开放／S

伸展力强，作为藤本月季的一种有很多用途。品种强健，半阴场地也可以生长。枝条横向伸展，适合栅栏和墙面造型，用于拱门时，牵引要有意识地避免枝条冒出。

肯特公主 →

Princess Alexandra of Kent

半藤本·横向型／株高 1.5 米／
花径 12~13 厘米／四季开放／S

浪漫的粉色花，香气清爽。灌木株型，
品种强健易培育，枝条稍微横向扩展。
只需在栅栏上略微固定就可以形成自然
的造型，枝条竖直固定则可用于塔形花
架和拱门造型。

黎塞留主教 ↓

Cardinal de Richelieu

半藤本·半横向型／株高 1.5 米／
花径 6 厘米／一季开放／G

本品种被认为是最古老的紫色玫瑰花，有
着美丽的细叶子，非常有魅力。耐病性和
抗寒性都很好。株型便于造型，修剪后也
能很好地开花，可以覆盖高 2 米左右的栅
栏。从植株基部丛生状生发枝条，夏季可
从老枝条开始清理修剪。也适用于塔形花
架造型。

墙 面 的 月 季 造 型
Roses on Walls

用月季装点墙面

月季覆盖于墙面或面积较大的地方时，往往能造就令人印象深刻的景致，不妨选自己喜欢的月季做一些大胆尝试。
除了栽种月季外，还可以装饰窗格、放置长椅、种植草花，整个画面也会因此变得更有设计感。

要点 1 ●
何种场所？

要想尽早实现梦想中的效果，最好选择面朝东南方向的墙壁，因为日照时间与枝条生长长度、开花数量是成正比的。有的墙壁附近土壤质地较差，或者土壤深度不足，这种情况要先进行彻底的环境改良。只有土质好，才能保证枝条更好地生长。

要点 2 ●
何种方法？

建造适合月季攀爬的格子等设施，可以寻求专业人士的建议。若是等到枝条长成再处理就变得很有难度了。打好坚固的基础，别让月季倒伏，然后就可以放心地牵引了。也可以装上铁丝网，打入钉子固定。

要点 3 ●
何种月季？

不推荐颜色太过艳丽的月季，会因面积大而过分抢眼，最好选用与墙壁、屋顶颜色和谐的品种。生长快、枝条长的蔓生型月季虽然不错，但可以发出长而粗的枝条、富有魄力的攀缘型月季其实是更好的选择。

奶白色的外墙与亮黄色的半藤本月季"格拉汉姆·托马斯"搭配，清新迷人。枝条竖直生长，在较高的位置大量开花，脚下又可保持干净。

红砖墙壁与月季藤条上的花朵彼此映衬，赏心悦目

红砖墙壁特别适合作为攀缘型月季的背景。开满半藤本月季"皮埃尔·欧格夫人"和"莫尔文山丘"的枝条，在红砖墙壁之上宛若流水般清新雅致。不要固定太死，给枝条留些自由摆动的空间，更显出自然风情。

藤本月季与灰蓝色墙壁相映成趣

最初就计划好要牵引月季，专门将车库外壁刷成灰蓝色，其中一面墙壁设置了大格子的铁艺网格，其上牵引了四种月季，蔓生型的"婚礼日"让屋顶变得熠熠生辉。

生长旺盛的微型藤本月季奔放流淌

红砖墙壁之上牵引了微型藤本月季"芽衣"。在墙壁上拉了铁丝，地栽"芽衣"植株旺盛，茁壮生长，并开出大量花朵。花与叶子的空隙处露出的红砖更是引人注目。

Roses on Walls

从庭院牵引到墙外的藤本月季造就的繁花美景

枝条悬垂到整面外墙的"保罗的喜马拉雅麝香"和"国王"，让整条街道都焕发光彩，如同描写春日风物的诗歌一般美妙。这两个品种都是生长旺盛的蔓生型月季，墙壁上拉了铁丝，固定好几个重要的点来牵引就可以了。

木屋窗畔最适宜单瓣小花

四季开放的半藤本月季"芭蕾舞女"，一簇簇小花蓬松开放。在墙壁前方设置低矮的网格，将月季牵引其上。春季开花后保留一些残花不要修剪，秋季可以结出蔷薇果，与秋花一起形成花果共赏的风景。

白墙壁、藤本月季和长椅
搭配出浪漫的风景

枝条紧贴墙壁，仿佛倾泻而下的月季瀑布一般。在木屋墙壁突出的部分装上螺栓，再每隔 30 厘米牵引一根铁丝，攀缘上藤本月季"春霞"。

从盆栽苗开始的墙面月季造型的秘诀

外墙附近的土壤，常常因为房屋建造时的踩踏而变得坚硬，开始种植前要耐心地进行土质改良工作。
在可以淋到雨水的地方种植会有较好的长势，避免种在屋檐太宽的地方。

开始

设置支柱，在距离墙边 50 厘米处种植

避开屋子的地基和管道，种植在距离墙壁 50~100 厘米处（参考第 136 页），种植坑深度约 50~80 厘米。最初枝条够不到墙面，可以先用支柱固定。

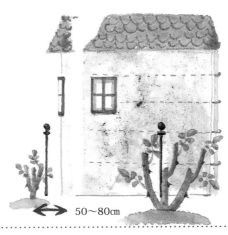

50~80cm

第一年夏季

长出笋枝后随时固定，让它竖直生长

为了让枝条尽快长成主干，笋枝发出后就将它竖直向上固定，不可放倒。枝梢如果被虫子咬坏就会停止生长，需经常打药防患于未然。注意浇水要充足。

第一年冬季

所有枝条在小范围内牵引，不过度拉伸

第一年的枝条较少，会给人冷冷清清的感觉，但是不要因此而过度拉伸枝条，只在小范围内牵引来打造部分开花的场景就好。让较粗壮的枝条呈扇形张开，不可过度横向拉伸，这样第二年春季会有很好的长势。

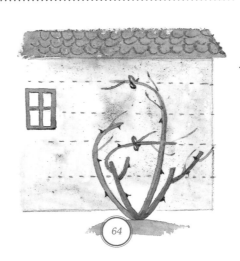

小贴士

挖不出种植坑时

可以盆栽。由于植株长大后不容易移栽，所以应在最开始就种植在较大的花盆里。直径 45 厘米左右的大盆，放入 60 升左右的土壤为宜。

小贴士

固定枝条的方法

如果没有网格，可以利用排水管道拉上铁丝，大概每隔 50 厘米 1 根，拉 4 根左右，用螺栓固定。但在枝条长成之前还是要让它沿着支柱生长。

小贴士

在墙壁上打入螺栓固定枝条

使用电钻打孔，在希望固定枝条的位置打入螺栓，再用园艺扎带固定枝条。为防止螺栓附近的墙壁进水，需要涂上防水剂。

在墙壁前方设置网格和栅栏

在房屋墙壁前面设置网格和栅栏牵引枝条，可以更加稳定，而且远远看去，花朵就像在墙上开放一样。

第二年春季

仔细观察花枝的长度和数量，开花后剪除残花

尽早剪掉残花，让细枝条继续向上生长。闷热的环境容易长出红蜘蛛，需要疏除多余枝条保持通风。必要的话可喷洒杀螨剂。

小贴士

可在下方种植直立月季

如果枝条难以覆盖全部墙壁，也可以减少藤本月季的枝条数量，让植株专注于向上伸展，而在下方种上四季开放的直立月季或半藤本月季作为补充，这也是一个有效的方法。

第二年夏季

让主干一直向上生长，到达目标位置

如果枝条无法到达上方目标位置，就需要增加主干。让粗壮的枝条沿着墙壁伸展，固定好。不要剪断枝梢，让它竖直生长。

小贴士

枝梢发出细分枝怎么办

笋枝发出后，可能因为虫害或缺水而停止向上生长，只在枝头长出细小的分枝。这时可将这根枝条剪短到30~40厘米处，促使下方再发出粗壮的新笋枝。图中是被月季巾夜蛾幼虫咬坏的枝梢。

第二年冬季

横向牵引，整面墙壁均匀铺满枝条

枝条之间保持足够的间距，即使有交叉也无妨，尽量让枝条铺开到较大面积。为防止病虫害带来较大的损失，应在冬季喷1~2次药，预防春季虫害的发生。

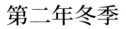

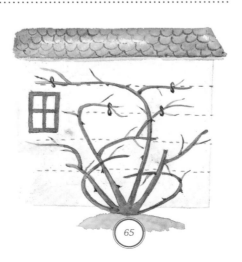

第三年以后墙面月季造型的应对方法

虽然月季覆盖的墙壁面积有大有小，但是植株长得过高，踏上梯子也没办法够到的话就难以进行养护管理。
应尽早处理以保持植株高度在可控范围内。

越向上生长越乱的繁茂枝条让人困扰

夏季

限制向上生长的枝条

如果枝条已经达到需要的高度，上方的每根主干枝条仅需保留一根分枝即可，其他都剪掉。要是保留太多，下方枝条会慢慢变得衰弱。

冬季

防止枝条交叉，更新枝条来牵引

对于从墙壁下方一直长到上方的植株，要让枝条间保持距离。和栅栏上枝条过度繁茂的处理方法一样，剪掉下方的老枝条进行更新，并防止彼此交叉。

日照良好的宽阔地点可以将枝条束起来

不将枝条向上牵引，而是松松地束在一起，让月季呈流线型开放也很美观。但是枝条太多、叶子过于繁茂的话，又容易发生病虫害，因此以不超过 3~4 根枝条为宜。

枝叶少、生长不良

无法完全覆盖墙壁也可以！

由于日照、水、肥料等原因，月季不能按预期生长，枝条又细又短，这时就要考虑放弃让枝条覆盖整个墙面了，而是应在枝条配置上下功夫，让它们呈现出更有设计感的优美造型。

墙 面 造 型 的 其 他 建 议

最为常见的墙面牵引方法是让枝条与枝条之间保持间距，紧密地固定到墙壁上。
这样看起来好像花朵在墙上开放。除此之外，还有一些其他的方法。

紧贴型

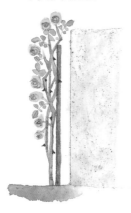

像栅栏造型一样（参考第 50 页），让枝条之间保持间距，紧密地贴合到墙壁上。除了可以选择攀缘型月季外，花枝较短的古老玫瑰中的波旁系统、阿尔巴系统等，可以沿着枝干的线条开放大量花朵，非常美丽。

蓬松型

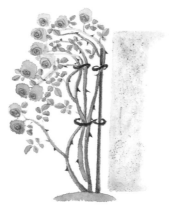

将植株下部枝条固定好，上部枝条不要固定死，让整体呈现出自然的流动效果。为了防止上部枝条变得凌乱，将 2~3 根枝条捆成一束，也利于通风。古老玫瑰中的诺伊赛特系统和麝香蔷薇系统都可以使用此方法。

跨越型

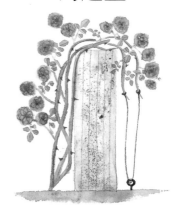

让枝条跨越墙壁，在内外两侧开花。建议选择枝条垂下也能开花的蔓生型月季和微型月季。枝梢需要用铁丝固定好，避免向外乱长。土质不好的话需要先进行土壤改良。

让月季沿着窗户开放

墙面造型时，要留出不攀爬月季的窗户，就好像给画面留白一样，反而更加美丽。
沿着窗户牵引月季时，也需考虑从窗内看出去的效果。

距离窗框
20 厘米处牵引

从窗内向外看时，如果只能看到粗大的枝条就会很无趣，要以开花时能看到细小花枝为宜。注意不能因为花的重量将主干压得垂到窗框上，牵引时保持 20~30 厘米的距离可避免此问题。

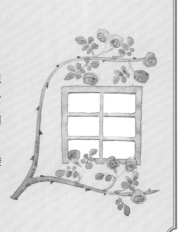

适合墙面造型的月季

图鉴的查看方法

藤本·攀缘型 ／ **株高 2~3 米** ／ **花径 8~10 厘米** ／ **重复开放** ／ **CL**

表示株型及其类型（参考第 12~14 页）　大概株高或藤条长度　大概开花尺寸　开花季（参考第 15 页）　所属月季系统（参考第 15 页）

新曙光 ↑

New Dawn

藤本·攀缘型／株高 3.5 米／花径 7~8 厘米／四季开放／ LCl

适合寒冷地区种植的藤本品种，评价很高，温暖地区也可以开出可爱的花朵。耐阴，生长力强，能很快覆盖整面墙壁。也适合用于拱门造型，需要限制枝条生长时也可以用于塔形花架。

红龙沙 ↓

Rouge Pierre de Ronsard

藤本·攀缘型／株高 2 米／花径 10 厘米／四季开放／ LCl

浓郁华美的红色。想用深色月季装饰墙面，有设计感的小面积攀缘，可以形成醒目的景观。也适合塔形花架、栅栏和拱门造型。

潘妮洛佩
Penelope

半藤本·半横向型／株高 1.5 米／
花径 6~7 厘米／重复开放／HMsk

质感柔和的半重瓣花，花心是可爱
的黄色，第二轮花花枝较长，适合
拱门、栅栏以及墙面造型，或将其
缠绕于树上也非常美妙。耐阴品种。
强剪的话，成簇开花容易显得头重，
注意调整形状。

藤本法兰西 ⬇
La France, Climbing

藤本·攀缘型／株高 2~3 米／
花径 8~10 厘米／重复开放／CL

带有银色光晕的粉红花，有着大马士革月季的香气，
是著名的"法兰西"藤本品种。枝条竖直伸展，除
用于墙面造型外，也适合拱门和凉亭。

洛可可 ⬇

Rokoko

藤本·攀缘型／株高 3 米／花径 10 厘米／四季开放／ LCl

淡杏粉色大花，花朵持久性好，开放时蓬松飘逸，可演绎出壮美的风景。枝条粗，要选择容易牵引的地方种植。适合大型栅栏、凉亭造型。品种强健，耐寒耐热，特别适合新手种植。

藤本朱丽娅 ←

Julia, Climbing

藤本·攀缘型／株高 3 米／花径 8~9 厘米／重复开放／CL

好像波浪般的卷边花，有着直立月季"朱丽娅"的优雅。生长快，笔直伸展，对于女性来说也可以轻松牵引的藤本品种。除拱门外也适合塔形花架和栅栏造型。

黄木香 ⬇

Rosa banksiae 'Lutea'

藤本·攀缘型／株高 4 米／花径 2 厘米／一季开放／Sp

一个原种的月季品种，特别强健，柔和的黄色花朵蓬松开放。早花，4 月开放，伸展力强，少刺，易于操作，适用于任何造型。牵引时剪断长枝条促生短花枝，可以增加开花量。

丰盛 ⬆

Prosperity

半藤本·半横向型／株高 2 米／花径 6 厘米／重复开放／HMsk

多花，白色花朵成簇开放，有着甜美的香气。无论枝条上的修剪点在哪里都容易开花。稍横向伸展，多分枝，多发侧笋，半阴处只要环境明亮就可以良好生长。除藤本造型外，也可以剪短用于直立造型。

塔 形 花 架 造 型
Roses Around Obelisks

> 用月季创造视觉焦点

用塔形花架作支撑物，月季就会环绕着圆筒形的花架开放，不需占用太多空间。
藤本和半藤本月季的枝条在盘绕中伸展，能绽放出大量花朵。根据花朵的颜色、花型和大小，
以及枝条的缠绕方法等，可以塑造出各种不同的景观。

要点 1 ●
何种场所？

花架是会让人们在庭院中视线停留的焦点，比起放在墙边、小路尽头以及周围有各种背景的场所，更适合将它设置在低矮的植物和草坪中间，可以获得更好的视觉效果。此外也可以做成盆栽花架放在路边，成为可移动的亮点。

要点 2 ●
何种塔形花架？

最好是直径 50 厘米、高 2.5 米左右的塔形花架，有存在感，也容易牵引。至少也要直径 30 厘米以上才好。选择铁艺材质的花架贴合牵引，是最基本的做法。也可以用木制支柱代替，让枝条自由生长。

要点 3 ●
何种月季？

想很好地贴合花架缠绕枝条，就要选择枝条柔软易于盘卷的月季品种。蔓生、微型藤本月季中叶子小的品种可以打造出最佳效果。不过分伸展的半藤本月季也适用于花架，但不用卷绕，只把枝条修剪出长短层次就足够美观。

在野外田园般的庭院内设置一个塔形花架，作为视觉焦点。月季品种是"波旁皇后"。波旁系的古老玫瑰枝条柔软，刺少，容易牵引，再加上花枝短，更易打造成整齐的圆筒形。

把株型修剪至修长，可以近距离闻到花香

用塔形花架代替支柱，"月季之下"纤细的枝条汇聚到中心，不会向四处扩展，开放时华美动人。用塔形花架盆栽时，要注意平衡植株高度和花盆的尺寸。

更易衬托出花朵颜色的蓝色塔形花架

在定制的塔形花架上缠绕了大花古老玫瑰"查尔斯磨坊"。直立的半藤本玫瑰，把主要枝条固定在塔形花架表面即可。开放时花枝摇曳，颜色对比鲜明，充分显示出蓝色花架的魅力。

Roses Around Obelisks

装点露台花园，香气怡人

以芳香著称的英国月季"格特鲁德·杰基尔"，用高2米左右的塔形花架支撑。把它设置在直立月季花坛的边缘，成为景观的焦点。并且作为半藤本月季，它有着极强的伸展力。

松散牵引，做成"花灯笼"

半藤本的"薰衣草之梦"开花性好，在半阴处也可以开花良好。松散自然地牵引，枝头不要固定死，这样围绕塔形花架四周招展的花枝更加俏丽可爱，给树下的阴影处增加了一抹明亮的色彩。

枝条旺盛伸展，向上看时格外迷人

蔓生型的藤本月季"名媛"，枝条纤细柔软，缠绕在约直径50厘米、高2米的塔形花架上，整个花架几乎被隐藏起来，仿佛是花朵组成的艺术品。

用直径 30 厘米左右的塔形花架装点露台的风景。地栽、四季开放的半藤本月季"查尔斯雷尼·麦金塔"，枝条修剪得长短错落，紫粉色花朵以及散发出的没药香，都让整个花架极富魅力。

浓密开放的紫色花，在庭院里形成撞色

半藤本月季"蓝色狂想曲"有着壮丽的花姿，几乎将直径50厘米、高2米的塔形花架全部盖住。枝条从右向左卷绕，春季着生大量花枝，浓郁的紫色花朵让其成为庭院的主角。

从盆苗开始的塔形花架造型秘诀

塔形花架造型可以在较短的时间内完成，但如果花架较大，可能两年后枝条还不能做到完全覆盖，
可以在牵引时稍微拉开间隔。

开始

盆栽种在中心，
地栽种在外侧

把月季种在花架的一角，
后期会更容易养护。首先
应专注于让枝条生长到塔
形花架的上部。枝条较短
的时候不要马上牵引，让
它自由生长一段时间，等
枝条达到一定长度、稍微
变硬后再固定。盆栽可以
选用 10 号以上的花盆。

第一年夏季

枝条生长，
竖直伸展

新笋枝长出后要细心地诱
导固定。不应勉强，只需
保证它竖直伸展的方向性
即可。枝条要生长到冬季
才能进行卷曲牵引，不可
能从最初就卷成螺旋形。
夏季风大，枝条嫩容易折
断，需要特别注意。

第一年冬季

拉开枝条的间隔，
从下部螺旋形
向上卷

优先牵引长到花架顶端
的枝条。从基部开始向
斜上方螺旋形卷曲，枝
梢上部 30 厘米要与地面
基本保持平行地固定。
将稍微短一些的枝条向
相反方向卷曲，尽可能
把空间细密地填满。

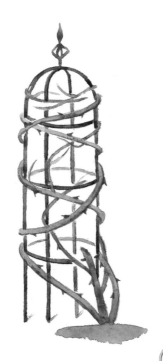

第二年春季

观察花枝方向，
开花后剪除残花

开花时要注意观察花枝的
长度，特别是从花架上部
冒出的花枝。剪除残花，
再晒晒太阳，又会发出新
的枝条。

第二年以后塔形花架造型的应对方法

细长的圆筒形塔形花架，枝条很容易长满。如果只有上部繁茂，看上去并不美观，也容易生病。
应该从夏季开始整理枝条。

因枝条过于繁茂而烦恼

夏季　　疏除枝条改善通风

剪掉不需要的细枝、老枝

修剪前

修剪后

剪短新枝促进分枝

将伸长的新枝固定好

伸长的新枝，可以沿着塔形花架边缘用园艺扎带固定好。注意枝条会向着太阳生长，一旦枝条倒下、变硬，就不容易拉回来了。

有3~4根新枝的话，次年的枝条数量就够了，记得剪掉旧枝和枯枝。对于花架上部三分之一处生出的新枝，因为没有再卷曲的空间了，所以要全部剪掉或剪掉一半。

下部生长出来的长势旺盛的新枝，在第一根新枝条下面的位置剪断，此处会分出新的枝条，可以增加中间和上部盘绕的枝条数量。

为不能发出新枝而烦恼

检查日照、土壤、肥料

和拱门栽培一样，要确认日照、土壤、肥料和水分。地栽的时候如果不小心在花架中间栽下了花苗，冬季把它移出来改种到花架外面，光照就会得到很大改善。盆栽的话还需要确认根系是否有盘结的问题。

因枝条过于繁茂而烦恼

冬季

选择壮实的枝条，从下部开始螺旋形牵引

夏季没有完成的疏枝工作，冬季要优先进行。

图为第三年的月季花架，将"万灯火"移到大一圈的塔形花架上。

❶ 把枝条松开，向四个方向均等地铺开

随着植物长大，花架显得越来越小。配合原来较小的花架来修剪枝条也是可以的，但是根据植株的生长状态，选择大小合适的花架对植物来说更为理想。首先把所有枝条松开，然后置入新的花架，再从四脚之间的空隙将枝条均匀拉出。

❷ 决定枝条的走向，从距土壤表面 20 厘米处把每根枝条固定好

剪掉枯枝、弱枝（当年开花后没有发新枝的枝条），不够苗壮的枝条要从顶端剪掉约 20 厘米。剩下的枝条应根据整体情况来安排走势，并在距土壤表面 20 厘米处固定。

❸ 从主干开始螺旋状地盘绕

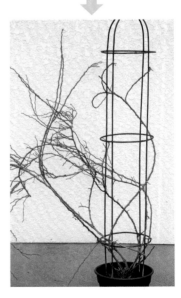

大部分造型方法，最好都从下部开始固定。只有塔形花架需要把枝条一根根呈螺旋状卷上去，这样更加整洁好看。新生的粗枝，要尽量贴合花架固定。

**❹ 过于拥挤的时候，
将枝条像蜘蛛网一样逆向 U 形回卷**

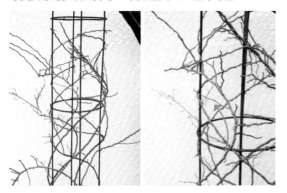

枝条间隔保留一根花枝的长度，然后把其他枝条也一根根卷上去。如果缠绕方向上的枝条过于繁茂，就把枝条 U 形转向反方向牵引。

❺ 剪掉没有用的枝条和冒出轮廓的枝条

枝条整体覆盖后，把没有用的枝条剪掉，并把从轮廓冒出来的细枝条剪短。

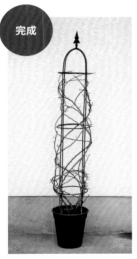

完成

查看整个花架的结构，保证所有枝条都均等盘绕。

4月

叶子开始展开，并且以不会覆盖住整体花架为宜。

小贴士

**没有空隙，
枝条长到乱蓬蓬的情况**

没有空隙就难以完成各种操作，半藤本月季即使强剪枝条依然会伸展。出现这种情况后就要把枝条都剪掉，等候明年春季到夏季再发新枝，重新开始造型。

5月

小叶子月季"万灯火"非常可爱。
开花时，要让塔形花架上方的装饰物也能看清楚。

适合塔形花架造型的月季

图鉴的查看方法

半藤本·直立型／株高 1.5 米／花径 10 厘米／四季开放／S

表示株型及其类型（参考第12~14页）　大概株高或藤条长度　大概开花尺寸　开花季（参考第15页）　所属月季系统（参考第15页）

福斯塔夫 ←

Falstaff

半藤本·横向型／株高 1.5 米／花径 10 厘米／四季开放／S

浓厚的深红色与颜色较暗的叶子搭配显得非常雅致。粗枝条，容易直立，能发出大量长笋枝，可以盘卷到塔形花架上或自由开放，也适合栅栏、拱门造型。

梦乙女 ←

Yumeotome

藤本·微型藤本／株高 2 米／花径 2~3 厘米／一季开放／ClMin

微型藤本月季中非常有名的品种，枝条纤细，小叶。适用于任何造型，尤其适合将其紧实地固定在塔形花架、拱门或栅栏上，会有很好的效果。品种稳定，容易开花，非常适合新手种植。

雪鹅 ⬆

Snow Goose

半藤本·横向型／株高 2.5 米／花径 4~5 厘米／四季开放／S

细长的花瓣轻盈飘逸，大量开放时给人带来清凉感。与"藤夏雪"相比，更加灵动，可以重复开放。适合多种造型方式，除塔形花架外也适用于栅栏和拱门造型。

布诺马 ⬅

Benoit Magimel

半藤本·横向型／株高 1 米／花径 6~7 厘米／四季开放／S

重复开放的白色花，开花性好，根据季节变化会带有绿色或粉色晕，更显华丽。花瓣挺括，开到最后也不会走形。株型不乱，竖直伸展。适合栅栏和拱门造型。

美里月季 ⬆

Chant Rose Misato

**半藤本·直立型／株高 2 米／
花径 7~8 厘米／四季开放／ S**

紫罗兰色的花瓣和深色花蕾的
对比异常优美。有扩张力，枝
条偏向直立，花枝长，可以代
替塔形花架的支柱而自由生长。
也可以做直立造型。

紫玉 ⬅

Rosa 'Shigyoku'

**半藤本·半横向型／株高 1.5 米／
花径 6 厘米／一季开放／ G**

品种强健，耐寒，半阴处也能良好生长。枝
条柔软容易分枝，梢头自然下垂。它不仅可
以盘绕在塔形花架上，还可以呈现自然的枝
条状态。此外，将它随意地牵引到小型栅栏
和花幕的效果也非常不错。

蜂蜜焦糖 ←

Honey Caramel

**藤本·微型藤本／株高 1.5 米／花径
2~3 厘米／四季开放／ClMin**

橘黄色的微型藤本月季是很少见的一个
品种。将它缠绕到塔形花架或小型网片
上，放置于玄关前的通道会非常醒目。
多花，初学者也可以完成修剪并且培育
开花。

格特鲁德·杰基尔 ↓

Gertrude Jekyll

**半藤本·半横向型／株高 2 米／
花径 8~9 厘米／重复开放／ S**

具有古老玫瑰的特征，带有浓厚的
古典型香气，伸展力强，在半藤本
月季中属于易养护的品种。枝条可
竖直生长到 2 米，经过一段时间之
后枝条会变硬，因此造型应趁早。
也适用于拱门造型。

利用月季聚焦视线的造型

下面我们一起来看看效果出众、吸引眼球的树形月季和圆环造型。以一季开放的藤本月季为主。此外还可以挑战利用庭院里的树木进行更加野性的造型。

在庭院里种植棒棒糖月季可以增加整体的立体感，即使数量不多也很美观。图中月季为"威廉莎士比亚2000"。

树形月季造型

又叫棒棒糖造型。圆球形的花簇在与视线水平的高度开放，由枝条嫁接在笔直的长枝干砧木上而成。把藤本月季嫁接到砧木上的方式又叫作"垂吊月季"，垂悬的枝条非常美丽。嫁接后枝条生长在较高的位置，可以得到更好的光照，即使下部处于阴影中也能良好生长。可单独用于花坛，或成对放在玄关前的通道，或沿着小径连续摆放，用于欣赏的方式多种多样。市面上出售的植株，以株高90厘米、120厘米、150厘米较为多见。株高120~150厘米的植株因为重心较高，最好种植在10号盆里。

推荐的品种

小花型
"芭蕾舞女""芽衣"（垂吊）
中花型
"马蒂尔达""冰山"
"格拉汉姆·托马斯""蓝色梦想"
大花型
"达西巴塞尔""摩纳哥王妃"
"汉密尔顿女士"

小花型的棒棒糖造型秀丽迷人。图为月季品种"眼影"。盆栽时株高和花盆的比例很重要。

不让枝条过分伸展，需要经常修剪来保持株型。大量的枝条由一根砧木来支撑，需要比直接种植在土壤里浇更多的水。用大盆栽培的时候，最好每年更换一次土，哪怕只更换一部分。

中花和大花的树形月季造型华丽娇艳。还有很多香气迷人的品种。图为"爱玛汉密尔顿女士"。

瀑布般开放的"埃克塞萨"垂吊造型。柔软细长的枝条上开满了小花。

直立型

清除残花和整理枝条是每日必做的功课。四季开放的品种，把开花后伸展的枝条剪掉一半。不修剪的话，会使后面的开花位置过高。枝条呈放射状伸展为好，拥挤的地方要疏除。

为了造就紧凑茂密的株型，需要在修剪时均匀地剪短枝条。1~2年的植株，还需要疏除密集的枝条。如果忽略或不舍得疏除过密的枝条，会导致从根部供应的水和养分不足。3年以后则需要将枝条修剪得更短些。

垂吊造型

夏　垂吊造型的枝条如果太粗会影响美观，若发出了粗壮的笋枝，应尽早从基部剪除，放置不管会使其他枝条过早老化。如果在希望发出枝条的部位生出了粗枝条，就将它剪短到5厘米左右的长度，促进发出细枝。中等枝条和细枝条可以一直保留到冬季。

冬　将中等枝条和细枝条用细铁丝与砧木连接起来，使它们垂直向下。夏季的枝条容易折断，所以这项工作适合在冬季进行，一定要让枝条竖直向下，不要向中心弯曲。需要更新的枝条可以从基部剪除。

考虑到左右两边的分量比例，需要将整体剪掉一半。枝条交叉的部分要剪掉。

内侧笋枝稍短，外侧枝条稍长，这样的株型在开花时会更加好看。

新生的下垂枝条，用细铁丝与砧木连接，让枝条保持笔直向下伸展。

圆 环 造 型

微型藤本月季限定款可爱造型。把伸长的枝条沿着圆环形的支柱螺旋形缠绕，小花朵密集地开放。可以地栽，但小盆栽更有人气。市面上的环形支柱有直径 10~65 厘米不等的规格可选，可以在最初就考虑好想要的尺寸，再选择支柱；也可以等植株长大后，再更换更大尺寸的支柱。

推荐的品种

"梦乙女" "雪光" "芽衣" "安云野"
"宫城野" "花见川"

地栽"芽衣"用于特大号的环形造型非常可爱。每年枝条更新以及重新牵引是保持美丽的要诀。

在台阶上打造一个装饰性的大型花环，使用的月季品种为"雅"，与黄色萱草的对比引人注目。

小盆造型的"芽衣"月季花环，放在露台或玄关，如同家居摆设。

管 理 的 要 诀

夏 枝条伸展后，沿着支柱松松地固定，逐渐让枝条形成固定长势。叶子稀疏时不容易发出长枝条，可以多晒晒太阳，充分浇水、施肥，等待叶子繁茂后发出长枝条。

冬 把枝条分到左右两边，沿着花环的支柱螺旋形卷绕。剪掉细的侧笋，留下主枝来卷绕。左右两根交互盘好后，再开始下一根的交错缠绕。枝条有 3~4 根就够了，更新时剪除老枝。

攀缘在庭院树木上

将一季开放的藤本月季牵引到树木上，一部分枝干被月季缠绕，可以获得极具野趣的观赏效果。但是不要将其缠绕在枝条容易随风摇摆的小树上。把月季种在树木的东南方较为理想。在高处生长而花朵向下开放的品种特别珍贵，只要每年能正常开花，就不需要重新牵引。开花变差可能是枝条老化的缘故，那时就需要更新枝条了。

华丽盛开的"炼金术士"，枝条爬满了月桂树。如果庭院较小，可以减少枝条的数量，便于牵引。

推荐的品种

小花型："保罗的喜马拉雅麝香""雪光""婚礼日""奇福之门"

中花型："炼金术师""弗朗索瓦·朱朗维尔""阿尔伯丁"

管理的要诀

夏 小空间可容纳的枝条数量有限，不必要的枝条都应剪掉。如果空间宽阔，可以让枝条任意伸展，只是枝条过于密集容易通风不良而引发介壳虫等虫害，应尽早做好疏枝工作。

冬 在树木三分之二的位置用麻绳牵引，上部枝条自由伸展，整体感觉非常自然。花朵在枝梢处更容易开放，让枝梢面向外侧，开花时会更加美观。从下部就要开始牵引，尽量让月季的枝条伸展到树冠外侧。

大梅子树上枝条自然飘拂的"弗朗索瓦·朱朗维尔"垂吊造型。这是一种枝梢下垂开放的蔓生型品种。

灌木造型
To Grow Roses Lush

在低矮的位置密集开放

直立丛生的造型，可以说是直立月季的正统株型。
可种植在藤本月季的下方，或和草花一起装点花坛，有很多的用途。四季开放的品种也有很多，
种在庭院里一直到秋季都可以欣赏到月季绽放的景色。半藤本月季通过修剪也可以塑造这种株型。

要点 1 ●
何种场所？

不占用太多空间，适合于任何场所的品种。在玄关前的通道这样的小型空间里种上一株，和草花搭配起来，仿佛庭院的标志性树木一样；或将其盆栽沿着庭院入口、阳台摆放；或者大量地种植在花坛里，也很美观。还可以种在大型藤本月季的前面用于聚焦视线，也会有很好的效果。

要点 2 ●
何种月季？

需要有点高度的月季品种。如果脚下种了大量草花植物，那么选择枝条笔直伸展的直立型较为合适。枝条横向伸展的月季会占用较大的面积，栽种时要与周边植物保持足够的间距。如果地方不大又想密集种植，则应选择株型不会过分壮大的紧凑型品种。

窗户周围种植了四季开放的直立月季，一年四季都有美景可赏。从前方开始所用月季品种是"和音""奥古斯蒂娜·基诺阿索""法兰西"，窗畔是三株"杏色芳香"，散发着宜人的香气。

横向伸展型是草坪的重点

半藤本月季"威廉莎士比亚2000"的灌木造型。从植株下部发出健壮的笋枝后，将其截短以促进分枝，再截短生发枝条，如此反复，就可以形成比例协调的株型，茂密蓬松。

株高统一的月季打造的丰富美观的花坛

18株株高均为1米左右的直立月季组合出的华丽的花坛。花量和比例恰到好处。使用的月季品种为"王子""安布里吉""杏色芳香"等。

盆栽的英国月季紧凑好看

英国月季"亚伯拉·罕达比"经常被
用于藤本造型，其实还可以将其打造
成优美的盆栽。多数的半藤本月季都
可以做成直立造型，不同的造型方法
能够带来多样化的观赏效果。

从盆苗开始的丛生造型秘诀

优美的直立造型，要想让花开得繁密，增加枝条数量是重要的秘诀。从月季的基部或枝条中间发出的粗壮笋枝，稍微长长后就要剪短，以促进下方分枝。如此反复操作就能增加枝条数量。

春　剪短笋枝以增加枝条数量

基部或枝条上发出的粗壮笋枝，竖直生长到1米左右，将其从大概膝盖高度的位置剪断，让营养浓缩，剪口下方会再发出两根左右的粗枝条。

夏　疏枝是日常功课，为了秋季开花需轻剪全株

经常摘除残花，可以观赏到第二轮和第三轮开花。8月下旬以后，为了看到秋花，应把整体植株轻剪一遍，大约剪掉株高的三分之一即可。

秋　形状、颜色、香气，全方位观赏逐渐开放的秋花

天气转凉后植株的整体生长速度会变慢，花朵慢慢成熟，虽然比起春季花量更少，花朵也更小，但是可以欣赏到月季类书籍中常常出现的正宗的花朵颜色，香气也更加浓郁，持久性更好。

冬　设想希望塑造的株型，修剪春季发出的粗壮枝条

利用春天发出的枝条来分枝，并整理株型（参考第150页）。如果植株的基部没有增加枝条，就保持现有的枝条数量。

为欣赏秋花而进行的夏季修剪

四季开放和重复开放的月季，要对每根开过花的枝条进行回剪（参考第140页），这样就能欣赏到下一季开花。
要想让秋季月季统一开放，需要在夏季剪齐一次。
种植在温暖地区的月季，如果希望它们在天气转凉后的10月下旬开花，需提前两个半月，
大概在8月上旬进行修剪。

最小幅度地修剪枝条长度

夏季的修剪和冬季一样，是对整体植株进行的，包括对壮实的芽头进行回剪。和休眠期不同的是，此时植物正处于旺盛的光合作用和存储营养的时期，所以尽量不要减少叶子，只需要剪掉株高的三分之一左右即可。没有伸展的枝条不用修剪。

整理枝条，加强通风

日常进行的疏枝工作，需要在这段时间彻底进行一次，把细枝和短枝全部剪掉，让每一根枝条都能沐浴到阳光。加强日照，通风良好，就能孕育出健康的秋花。

持续开放也可以

有人认为夏季修剪是必须的，其实这不过是为了让秋花整齐开放而进行的操作。如果希望夏季一直开花，或是种在避暑别墅里的月季，主人只想在夏季赏花，就需要随时剪除开败的花枝，让它可以持续开放。

两年以下的幼苗需要摘除夏季花蕾

1~2年的幼苗，夏季修剪后需要让植株休息，以促进生长。在进行夏季修剪之前，7~8月要把全部花蕾和花都摘掉，让养分集中，便于植物快速生长。

适合直立造型的月季

图鉴的查看方法

直立·横向型 ／ 株高 1 米 ／ 花径 6~7 厘米 ／ 四季开放 ／ F

| 表示株型及其类型（参考第12~14页） | 大概株高或藤条长度 | 大概开花尺寸 | 开花季（参考第15页） | 所属月季系统（参考第15页） |

马蒂尔达 ⬅

Matilda

直立·横向型／株高 1 米／花径 6~7 厘米／四季开放／ F

波浪形花瓣带有淡淡粉色，好像晕染过一样，开花性、持久性、株型比例都非常出众，百看不厌。株型紧凑，反复开花性佳。

蓝色梦想 ⬅

Blue for You

半藤本·半横向型／株高 1.5 米／花径 4 厘米／四季开放／ S

奇妙的灰紫色，初开略带粉红，随着花朵开放颜色逐渐变化，给人高贵的印象，半藤本，茂密生长后非常好看，也适合栅栏造型。

艾琳娜 ↑

Elene Giuglaris

**直立·直立型／株高 1.2 米／
花径 11 厘米／四季开放／HT**

白色月季上带有淡淡的粉色，是
近年来少见的杰出品种，浓郁的
香气和高雅的花型，植株直立，
不会长得过高。充分修剪，促发
粗枝条后，可以开出华美的花朵。

治愈 →

Healing

**直立·直立型／株高 1.2 米／花径 10 厘米／
四季开放／HT**

淡粉色中带有淡紫色晕，花瓣边缘呈波浪形，柔
美可爱。花朵大，魅力十足，耐病性好，没药香型，
和蓝色系花朵非常搭。

汉密尔顿女士 ⬆

Lady Emma Hamilton

半藤本·半横向型／株高 1.5 米／花径 10 厘米／四季开放／S

杏橘色的花朵，外侧带有黄色，加上略带古铜色的深色叶子，整体非常协调。开花性好，除了灌木造型之外，也可把枝条留长用于低矮的栅栏造型。散发着甜美柔和的芳香气味。

云雀 ⬇

Skylark

半藤本·半横向型／株高 1 米／花径 6~7 厘米／四季开放／S

株型紧凑，耐病性好，可爱的半重瓣花朵杯型开放，散发出苹果茶一般的香气，盆栽时可将枝条稍微留长些，好像从盆边喷涌出来一般的造型，更加妖媚动人。

伊芙月季 ⬅

Yves Piaget

**直立·横向型／株高 1.2 米／
花径 12~13 厘米／四季开放／ HT**

像芍药花一样的花型，美丽而有个性，枝条稍微横向伸展，但形状不散。认真修剪促发粗枝条，更容易开出大花。具有浓厚的大马士革香气。

弗朗西斯·杜布雷 ➡

Francis Dubreuil

**直立·紧凑型／株高 1 米／
花径 7~8 厘米／四季开放／ T**

属于古老玫瑰中的茶香月季系统，春季到秋季开放。雅致的花色和馥郁的花香，特别推荐给想要寻找四季开放的红色花的人，株型紧凑，容易栽培。

善用盆栽组合

没有院子也可以种植的盆栽月季，比起单独放一盆，组合盆栽给人的印象更加深刻。
但如果只是单纯把喜欢的月季盆栽排列起来，还无法打造出你想要的美丽景致。
下面就来介绍一下打造优雅陈设的要诀。

制造出鲜明的高低差

比起把同样高度的盆栽排列在一起，添加一株棒棒糖月季或塔形花架这种高个的造型，会更有立体感。不需要数量太多，就很有看点。位置较低的部分可以用灌木造型的月季来衬托，比如有着茂密花朵的"马蒂尔达"。

花盆的颜色、质感需统一

花盆的形状、大小可以不同，但质感和颜色最好统一。花盆颜色统一之后，可以避免空间显得狭窄杂乱。也可以将月季栽好后，再放入大盆中。如果花盆颜色无法一致，则要尽量搭配出和谐的效果。

增加树木和观叶植物

除月季之外，增加直立的树木盆栽，可以演绎出花园般的自然氛围。根系较小、株高 2.5 米左右的树木较为合适，比如紫荆和橄榄树。或者增加 3~4 盆株高不同的观赏草类的观叶植物，效果也非常不错。

管理的要诀

春

盆栽月季在冬季可以摆放密集一些，但到春天枝条伸展、叶子生长之时，就要配合生长节奏拉开距离。特别是容易出现白粉病和黑斑病的时候，需做好预防病虫害的工作。

夏

阳台和水泥地容易受到酷暑辐射的热量影响，可在花盆底部加脚垫，将它们三个一组等距放好，再摆上花盆，这样可以给花盆底部留出空间，不仅增加了通风性和排水性，看起来也更美观。

将月季培育成理想的形态（完成造型），搭配上草花后就能成为美丽的花园了。

如果想要月季植株的底部有更好的观赏效果，配合月季的需水量和光照来挑选合适的草花就变得尤为重要。

本章将会告诉大家组合月季和草花的诀窍，以及针对不同环境推荐适合的植物。

不用担心这样的设计搭配会占用多大面积，

即使是玄关前这种狭小的空间，只要搭配得当，也能营造出靓丽的景色。

请一定要尝试一下。

导览

第 二 章

打造月季与草花
组合的花园

月季和草花巧妙组合的诀窍

Companion Planting for Roses

月季和草花一齐绽放的花园，尤为美丽自然。

想让这些植物和谐共处、健康生长，只需记住四个基本的要点即可，可参考从第 104 页开始的例子。

要点 *1*　在保证月季株型的前提下，种植草花等植物

花园的主角无疑是月季，因此不要同时进行月季与草花的栽种，而应优先考虑月季的生长发育。新苗和大苗要培育两年以上、盆栽苗要等上一年以后才能在周围播种草花。当植株底部的枝条长成粗壮的主干时就意味着植株已经成熟，这时月季更加健康，抗病性也更强了。一旦月季的株型确立，选择搭配什么样的草花就容易多了。在最初种植月季时就要做好规划，预留出草花的空间来，让底部和背景的草花一起衬托出花园的美。

以月季为中心的花坛，半藤本月季"无名的裴德"底下栽种了美丽的宿根草花叶羊角芹，让花坛显得更加明亮。

要点 *2* 选择适应环境的草花

月季是喜欢充足水分和阳光的植物，所以在选择草花植物时，要考虑它们是否可以适应相同的环境，比如夏季频繁浇水，是否会令月季周围的草花腐烂。酷热地区选择耐热性强的植物非常重要，喜阴或喜半阴的植物基本上不太适宜，但种场场所为半日照环境时则可以挑选一些耐阴的植物来尝试。另外注意那些能较好地适应环境并快速繁殖的草花，一定要进行间苗管理。

耧斗菜不仅耐寒性强，耐热性也不错，属于开花期过后仍然能保持蓬松株型的美丽宿根草。

要点 *3* 从颜色、形态、质感等不同角度考虑造型

同色系的月季和草花组合在一起时，柔和一致的色调反而使景色显得模糊，所以要添加一些不同深浅、冷暖对比明显的草花。并且花朵的外形、姿态以及叶子的质感也会带来不同的表现效果，这些都需要考虑。此外草花的开花期也应与月季的开花期相配合。种植时可以用盆栽的小苗，好好培育后就能长成很大一簇。在最开始的时候就要预留足够的空间，这样即使一年后也能直接拔除替换成其他的植物。

铁线莲无论是花形还是颜色都和月季相得益彰，且品种丰富，可以任意组合搭配。

要点 *4* 月季的底部要打理得清爽干净

在月季的培育过程中，改良土壤并添加底肥是铁定律。将月季底部打理干净，是为了避免种植在月季底部周围的植物吸收过多的营养，长得比月季还要高大。特别是鼠尾草和薄荷这种生长繁殖能力极强的植物，很容易长满并覆盖住月季，如此就需要经常修剪维护。对于月季本身而言，如果底下种有其他植物，下方的枝条生出花蕾时要果断减掉，以保证良好的通风和光照。

种植了两种不同的月季来装点栅栏，植株之间保持足够间距，通风良好。

装 点 月 季 的 底 部

为了保证月季底部有充足的光照，需要摘除下部的枝叶，但这样整体就会显得过于单调。这时可以考虑在不影响月季生长的情况下，种植一些匍匐的地被植物，明亮的色彩既能营造出轻快的气氛，同时又能预防杂草丛生。然而，种植在月季主干附近的草花会因夜间湿度较大而容易发霉，因此要与月季根部保持 30~50 厘米的种植间距。在种植区域与道路没有设置边界的花园，可以通过密集种植低矮蓬松的宿根草来起到边界的作用，同时也能成为一道美丽的风景线。

不同姿态、颜色的
品种，高低错落有致

独特的外形起到了
绝佳的装饰效果

除了花园里用来点缀的拱门和凉亭，四周也设计了供观赏用的花坛，远远看去高低错落有致。巧妙运用了新西兰亚麻、黄叶的紫露草和大型的玉簪等有着独特叶子的植物。

蕾丝花（白色）和斗篷草（黄色）的组合搭配，十分适合月季开放的季节。距离月季底部不远的小路边缘种植了其他植物。中间蓝紫色的花穗群落是匍匐生长的高山婆婆纳。

开花过后及时进行修剪，防止通风不良，并控制植株大小

茂密的植株和低矮的地被植物组合，相得益彰

半横向生长的半藤本月季"云雀"，底部搭配散发出柔和香味的百里香，让整体色彩更加丰富。然而梅雨季前，需要注意修剪直立型的百里香，以保持月季底部通风良好。

枝条生长过于茂密时应注意修剪

藤条在低矮的位置开始盘绕，从下部开始开花

半藤本月季"慷慨的园丁"和新枝条开花的铁线莲，植株根部要保持50厘米左右的间距。

月 季 与 墙 面 的 组 合 搭 配

大多数人用月季来装饰墙面时，会在墙角处做个花坛来种满草花。只要能保证 20~30 厘米的纵深度，也可利用横向的空间来种植月季。一般在墙角处都会有建筑物地基或管道等，导致无法深挖泥土，可以把花坛堆高些来保证种植深度。地栽的月季，种植深度不得低于 30 厘米，50 厘米左右最为理想。如果月季和草花混种在宽度不够

的墙角时，通风就变得尤为重要。如果通风不良，草花就会不断向上茂密生长而底部却开始枯萎。这也是导致月季感染病害虫的主要原因，草花的底部也会因为过于茂盛而浇不透水。栽种植物的时候要有意识地分开种植，避免挑选那些枝叶宽大的植物，推荐使用流线状的草花，灵活使用一年生和二年生的草花。

月季不需要完全覆盖整个墙面，只做部分修饰。用来支撑月季的栅栏，要根据环境来选择能抵抗大雪或暴风的材料。

常绿树很容易长得茂密，下方枝条交错，需要修剪枝条来控制植株大小

如果不需要让月季完全遮住一整面墙壁，也可以种植一些常绿的矮灌木（参考第 121 页），这样到了冬季也不会显得单调乏味。在月季根部周围预留出足够的空间，从正上方能够直接看到土壤为宜。图中为粉色的"莫利纳尔"月季。

可以看到栅栏的美丽设计，月季疏落地牵引

从上面往下看时，可以直接看到月季根部的土壤

枝条从上面被限制了生长，给墙面留出了空白

以外结构的装饰墙为中心的搭配。从墙壁后面的花坛里牵引微型藤本月季"雪光"，做成半圆形的迷你花坛。以野芝麻（多年生）等地被植物为主，用脐果草等其他一年生草花作为补充。

沿着道路设置的高度约为 60 厘米的红砖花坛，里面种植了一排类似于矮树篱的常绿灌木六道木，用于装点月季花墙外的狭窄通道。

注意随时修剪，露出砖块的直线感和厚度，维持花坛的清爽洁净

制 造 出 景 深 感

小于5米宽的种植场所，不适合运用大量色彩，简单的色调更容易营造出宽阔感。在前景种上一些直立灌木月季和不会长得过于高大的灌木，人的视线就会集中在前半部，这样景深感就形成了。假如中间有花架等构造物，则可以利用藤本月季在高位填充空间。如果是较为宽阔的空间，可以种上深红色等更加亮眼的月季并适当修剪造型。在前景部分架设网格架并栽种枝条蓬松的藤本月季，中间的植物被虚虚实实地遮掩住，显得十分有趣。当人走入其中时，种植植物的范围也会随之变得狭小。同时整体景色也引人遐想，仿佛后面还藏着门或篱笆等。

修剪枝条露出清爽的墙面

通过人工播种并繁殖的草花，幼苗期需要进行间苗，调整数量

当灌木月季"新浪潮"盛开时，沉重的花朵会令枝条微微低垂。中间呈圆形的花丛后面，种植了一大片直线条的草花，不仅令景色变得柔和，而且增强了景深的效果。中间视线聚焦处的红色半藤本月季为"月季之下"。

使用两种月季"阿尔弗雷德·卡利埃夫人"和"格特鲁德·杰基尔"装饰的花架，成为花园里过目不忘的美景。图中近处的花朵为蕾丝花和荆芥。

需要注意植株的体积大小与背景的平衡感

以白色花朵为基调的阶梯式花坛，由下往上看去，粉色的月季"银禧庆典"一目了然。图中近处紫色穗状的花朵为林地鼠尾草。

高位的亮点能起到点睛的效果

一年生蕾丝花长成一片起到连接的作用，播种在带有一定坡度的花园里成为一种过渡色。上部红色的灌木月季为"红色达芬奇"，图中近处左边红色的花朵为南非避日花。

大量成片地使用白色，更容易突显其他颜色

横向种植的直线形草花增强了景深感

边 界 的 表 现 和 柔 化

能够清楚地看到直线和墙面，让视线集中在焦点上，是打造传统花园的基本做法。这样的花园通常能带给人安定感和一种高格调的印象，但是这样的花园或多或少缺失了一点观赏性的趣味。此类花园用来种植单一的植物品种却是非常合适的，犹如彩色铅笔描绘出来的直线一般，轮廓清晰的大块色带格外美丽。另一方面，曲线形植物和直线形植物混种在一起，酝酿出自然的氛围。在这种情况下，即使藤本月季很出挑，也不要将它牵引到整片墙面上，而是应根据花园的整体设计来优先考虑需要牵引的位置。可以将两个同样的品种分别种植在角落里。

> 棒棒糖株型月季最适合规整式的花坛

> 草花不要覆盖住花坛的边缘

厚重的深绿色树篱衬托着各种白花植物的花园。四个角落里棒棒糖株型的月季品种为"冰山"，周围散乱地种植了滨菊等多种草花。这些草花也可以用微型月季来代替。

月季和各种草花交错种植的自然风花园里，砖块铺出的小径和碎石、草坪一起将花坛清晰地进行了分区，给人留下整洁有序的整体印象。

> 种植空间和小径清楚地分隔开

以花园小棚屋为中心的角落。前面种植了大片的多种玉簪、姬小菊和蓝花耳草，屋顶覆盖的月季是"保罗的喜马拉雅麝香"，与地栽的草花植物搭配十分和谐。

将枝条优先牵引到需要开花的位置，这样就能调整开花量的多少

如同地毯般覆盖在地表的植物，模糊了花坛的边界

适合与月季搭配的植物
Recommended Plants to Plant with Roses

适合与月季搭配的植物不仅仅有脚下的地被植物，
也有能够与月季交相辉映的植物和起到连接作用的植物。
这些植物的用途多种多样，有的能够适应环境，有的难以适应，需要进行多种尝试。

地毯般覆盖的植物

用来大面积遮盖地面的地被型草花，与月季非常搭。它们不仅可以防止地温上升、土壤变干，还可以调节月季与其他草花之间的平衡。可以沿着花坛的边缘或小径种植，营造出自然的氛围。即使是没有景深的场所也可以种植。

唇形科的麝香草是百里香的近亲品种，会散发出香味。图中品种为"红花玫瑰"。

花叶羊角芹
Aegopodium podagraria 'Variegatum'

伞形科／宿根草／
株高 20~30 厘米／开花季（初夏）

别名为"班叶地长老"，耐热性强，喜欢较为湿润的环境。易管理，通过地下茎繁殖但不会大面积泛滥，可作为花叶植物来提亮花园。

景天 *Sedum*

景天科／多肉植物／株高 5~10 厘米／开花季（夏季）
耐热耐寒性强，可用于覆盖地面边缘的植物。墨西哥垂盆草有许多的品种，图中的景天为垂盆草。

加勒比飞蓬 *Erigeron karvinskianus*

菊科／常绿宿根草／株高 15~30 厘米／开花季（晚春至秋季）
植株健壮且开花期长，花朵能够一直开到秋季。很容易长成一大片，过于茂密时要注意修剪。株型较随意，适合自然风格的花园。

姬岩垂草
Lippia canescens

马鞭草科／

常绿宿根草／

株高 5~10 厘米／

开花季（初夏至秋季）

植株强健且很容易长成一片。喜光照和水，适合与月季一起种植。因其具有侵略性，注意不要在它周围种植其他植物。5~9 月左右会开出紫色的花朵。

金叶过路黄
Lysimachia nummularia'Aurea'

报春花科／常绿宿根草／

株高 5~10 厘米／开花季（晚春）

叶子偏黄绿色，非常显眼，适合作为篱笆。喜水且不易腐烂，不会影响月季的生长。一旦长得过于茂盛，也比较容易拔除。

野芝麻
Lamium

唇形科／常绿宿根草／

株高 10~15 厘米／开花季（春季）

野芝麻有大量的品种，其中花叶品种给人明亮柔和的感觉。因夏季耐热性较弱，需半遮阴种植。耐寒性强，但寒冬时会落叶。

花叶欧亚活血丹
Glechoma hederacea'Variegata'

唇形科／常绿宿根草／

株高 10~15 厘米／开花季（春季）

花叶活血丹的耐热耐寒性都很强，就算在阳光直射的场所也能良好生长。日常修剪或拔除都很方便，可以用于大面积种植，但是不推荐在狭窄的场所种植。

三叶草
Trifolium repens

豆科／常绿宿根草／株高 10~15 厘米／

开花季（春季至初夏）

白三叶草的近亲，是能够观赏到红叶的珍稀园艺品种。在良好的环境下长势旺盛，容易过于茂密，因此推荐在半日照或环境条件没那么好的场所种植。

迷迭香 "圣芭芭拉"
Rosmarinus officinalis'Santa Barbara'

唇形科／常绿灌木／株高 5~10 厘米／

开花季（春季）

成株高度不会超过 20 厘米，是紧凑型的覆盖植物。喜良好的光照和排水，耐夏季的干燥和酷暑，与月季搭配最为合适。同时也具有香味。

匍匐筋骨草
Ajuga reptans

唇形科／常绿宿根草／株高 10~20 厘米／

开花季（春季）

色彩丰富，深绿色的叶子带有铜叶般的光泽，起到花园里强调色的效果。耐热耐寒性强，喜水，非常适合与月季搭配。需要在半阴的环境下种植。

生长茂密的植物

生长茂密的植物适合种植在拱门或凉亭等支撑物下面，和月季一起的组合极具自然风情。如果种植在花坛边缘让它们茂盛地生长，中间的灌木月季会变得非常显眼。但这些植物很容易长得过高或者株型凌乱，因此要经常修剪。

矶根 *Heuchera*

虎耳草科／常绿宿根草／株高 25~50 厘米／开花季（春季至初夏）

矶根的品种非常丰富，大部分品种的叶子都很明亮，可以给花园带来不同的色彩。喜光照，但不耐高温和强烈的日照，因此要避免种植在西晒严重的场所。

老鹳草 *Geranium*

牻牛儿苗科／宿根草／株高 30~60 厘米／开花季（春季）

无论是品种还是花色都很丰富，枝条茎叶纤细。适合打造自然风花园。耐寒性强，但不耐高温和高湿。温暖地区应选择曙风露等容易种植的品种。

落新妇 *Astilbe*

虎耳草科／宿根草／株高 40~80 厘米／开花季（春季至初夏）

品种强健，植株茂盛且高挑，非常适合用作引导观赏视线的植物。喜欢稍微湿润的土壤，叶子受到强烈的阳光直射后会枯萎。一般在立春时长出新芽。

大星芹 *Astrantia major*

伞形科／宿根草／株高 60~80 厘米／开花季（初夏）

有着野草般自然风情的花朵，花色为偏白的粉色系。不耐夏季的强烈阳光和高温高湿环境，需经常浇水。温暖地区应选择排水性好和光照明亮的场所种植，注意土壤不要过于干燥。

蕾丝花 *Orlaya grandiflora*

伞形科／一年生草花／株高 30~80 厘米／开花季（初夏）

蕾丝花会在盛夏时节枯萎，因此春季盛花期时最适合与月季一同观赏。白色的花朵打造出柔和的氛围，可与各种月季搭配。植物能自播，非常容易繁殖。

秋海棠 *Begonia grandis*

秋海棠科／宿根草／株高 60~80 厘米／开花季（夏末至秋季）

偏日式花园风情的秋海棠，耐热耐寒性强，是非常强健的植物品种，适合与月季一起种植。大片的叶子伸展开来，在要打造景深的场所里可以拥有极佳的表现。不耐强烈的阳光直射。

斑叶麦冬 *Liriope muscari 'Variegata'*

百合科／常绿宿根草／株高 30~50 厘米／开花季（初秋）

品种强健且容易种植是其优势所在。麦冬原本是适合阴生花园（主要以阴生植物为主的花园）的植物，但是在光照良好的环境下也能健康生长，能够忍受夏季的酷暑。白色条纹的叶子能增加花园的明亮感。

直线形的植物

花茎和花穗高高伸展，从近处看过去如同细线般的植物极具透视感，而从远处眺望，它们仿佛是在藤本月季前方闪烁，非常漂亮。此外它们与灌木月季也很搭，其优势在于利用不同植物株型的对比效果来打造花园美景。

毛地黄
Digitalis purpurea

玄参科／宿根草／株高 80~120 厘米／开花季（晚春至初夏）

开花量巨大，狭窄和宽阔的花园都适合种植。如果花园中间有观赏小径，可以将月季和各色的毛地黄混种，远远看过去非常漂亮。

天蓝鼠尾草
Salvia azurea

唇形科／宿根草／株高 80~120 厘米／开花季（夏末至秋季）

有着美丽的天蓝色花朵，开花期长，非常适合与秋季开花的月季搭配。由于生长较快，夏季需多次修剪，修剪到一定的高度时就会开花。

林地鼠尾草
Salvia nemorosa

唇形科／宿根草／株高 30~60 厘米／开花季（晚春至初夏）

与天蓝鼠尾草相比株高更矮些，会开出大量笔直穗状的深紫色花朵，仅需一棵就能长成巨大的一簇，为花园带来视觉上的冲击。和月季一起种植时需要预留一定的间距。

毛地黄钓钟柳
"哈萨克红"
Penstemon digitalis 'Husker Red'

玄参科／宿根草／株高 70~90 厘米／开花季（晚春至初夏）

深紫黑色的茎叶能增加花园景色的层次感，无论和哪种颜色的月季一起种植都很搭。植株健壮，直立的株型不易倒伏，也可作为观叶植物来种植，简直是万能的存在。

荆芥（猫薄荷）
Nepeta × faassenii

唇形科／宿根草／株高 30~40 厘米／开花季（初夏至夏末）

淡蓝色的荆芥带给人凉爽的感觉，开花期长且植株健壮，枝条会横向生长，种植在花园里的小径旁会显得特别漂亮。开花后植株容易倒伏，可直接修剪到与地面齐平。

宿根柳穿鱼
Linaria purpurea

玄参科／宿根草／株高 50~60 厘米／开花季（春季至初夏）

麦穗状的花朵酝酿出野花般的自然氛围。花色除了紫色之外还有粉色和白色。植株健壮容易种植，开花过后修剪到原来株高的一半高度，就能再次开花。可通过自播繁殖。

毛剪秋罗
Lychnis coronaria

石竹科／宿根草／株高 50~80 厘米／开花季（晚春至初夏）

银色的叶子很容易和其他植物搭配，耐寒耐热性极强，可通过自播繁殖。喜欢稍微干燥的环境，也适合种植在道路旁。

可以重剪的铁线莲

铁线莲是可以用于装饰平面的藤本植物，与月季搭配可以打造出立体的造型，而且花色补充了月季中缺乏的蓝色系和紫色系，非常适合作为强调色。品种丰富，选择多样，有冬季重剪后新枝条开花的，也有新旧枝条都能开花的。此外四季开花的强健品种多，与月季搭配极具魅力。

铁线莲"舞厅"
Clematis 'Odoriba'

原生壶型／枝条长度 3~4 米／开花季（5~10 月）／新枝条开花

可爱的铃铛形花朵是其主要特色，花朵小而量大，颜色柔和，极具魅力，与各种大型月季搭配时都不会喧宾夺主。可重复多次开花。

铁线莲"爱芙罗黛蒂女神"
Clematis 'Aphrodite Elegafumina'

全缘组／枝条长度 2~2.5 米／开花季（5~10 月）／新枝条开花

深褐色花蕊和深紫色花瓣尤为突出，花瓣巨大引人注目。四季开花性强。由于容易缠绕在半直立型的月季上，因此推荐使用支架支撑。图中的月季为"劳拉达沃"。

适合与粉色月季搭配的铁线莲

铁线莲"约翰·哈斯特伯"
Clematis 'John Huxtable'

晚花大花型／枝条长度 2~2.5 米／开花季（5~10 月）／新旧枝条开花

白色的大花型品种。花形整齐，微微绽放时就很美丽，当大量花朵完全打开时就更惊艳了。与粉色月季搭配能打造出淡雅的效果。

铁线莲"包查德女伯爵"
Clematis 'Comtesse de Bouchaud'

晚花大花型／枝条长度 1.5~2.5 米／开花季（5~10 月）／新旧枝条开花

粉色偏紫的花朵，有着纸片般的质感。适合与月季"遗产"和"欢迎"等品种搭配，与粉色和同色渐变色月季搭配能够相互辉映。

铁线莲"杰克曼二世"
Clematis 'Jackmanii'

晚花大花型／枝条长度 3~4 米／开花季（5~10 月）／新旧枝条开花

深紫色的花朵，映衬粉色的月季，可以给人留下深刻的印象，与黄色的月季搭配也非常美丽。这个品种是欧洲非常有人气的蓝色系代表品种。

可以种出宿根草效果的铁线莲

铃铛铁线莲
Clematis socialis

全缘组／株高 30~50 厘米／开花季（5~10 月）／新枝条开花

如同竹草般的叶子，纤细可人的茎条，铃铛形状的紫色花朵。此品种适合种植在藤本月季底部或灌木月季附近。矮生的直立型品种，通过地下茎繁殖。

白丽
Clematis 'Hararei'

全缘组／株高 30~50 厘米／开花季（5~10 月）／新枝条开花

又名"哈库里"，花朵形似铃铛，花径 4~6 厘米，花瓣的顶部呈褶皱状。灌木型的白丽能够制造出自然的氛围，容易种植，需使用支柱支撑。此品种为带有香味的珍稀植物品种。

四季开花性强的铁线莲

铁线莲"朱莉娅夫人"
Clematis 'Madame Julia Correvon'

意大利型／枝条长度 2.5~3 米／开花季（5~10 月）／新枝条开花

会开出鲜艳的红色中型花朵，可与月季搭配出华丽的效果。四季开花性强，容易种植。适合与明亮的白色、粉色和奶油色的月季搭配。

铁线莲"薇尼莎"
Clematis 'Venosa Violacea'

意大利型／枝条长度 2.5~3 米／开花季（5~10 月）／新枝条开花

深蓝紫色的花瓣中间带有白色条纹的美丽品种，适合欧式风格的花园，日式和风花园推荐搭配白色月季。重复开花性好。

铁线莲的种植和牵引

铁线莲是攀缘性很强的藤本植物，与月季一起种植时要保持 30 厘米左右的间距。寒冷地区种植的铁线莲可让它自然地攀爬到月季的枝条上去。而在温暖地区，如果铁线莲的枝条从月季的根部开始攀爬，容易通风不良，因此推荐使用小型支柱或栅栏，让铁线莲的枝条单独攀爬。远远望去也很有立体感。重度修剪的品种，如果植株突然变弱，需在生长期改为轻剪，修剪到植株高度的 1/2~1/3 处，等秋季地面部分的枝叶枯萎后，再大幅修剪到与地面齐平。

作为亮点的花叶植物

我们在打造花园景观时，不仅需要美丽的花朵，叶子也是必不可少的。当冬季月季叶子凋零后，作为背景的常绿灌木就会显现出来。此外，花叶或银叶植物也可以在没有花朵观赏的期间来装点花园。这些植物中，有的品种在强烈的阳光照射下，叶子容易晒伤，因此要根据不同的环境选择适合的品种。

玉簪 *Hosta*

百合科／宿根草／株高 40~150 厘米／开花季（初夏至秋季）
叶子呈放射状生长，有多种不同的颜色和形状，耐阴性强，可根据需求选择品种。推荐种植在造景物的底部。

❶ 花叶金线草 *Polygonum filiforme variegata*

蓼科／宿根草／株高 40~80 厘米／开花季（夏末至秋季）
茂密且健壮的植株，能给花园带来明亮的景色。秋季会长出细细的花茎，与自然风格的花园非常搭。由于很容易长得过于茂密，需要定期修剪。

❷ 亚洲络石 *Trachelospermum asiaticum 'Goshikikazura'*

夹竹桃科／常绿藤本性灌木／枝条长度2~10米
枝条生长覆盖性很强，推荐与月季搭配种植在路边，常绿植物的特性使得它在冬季时也会很漂亮。植株生长旺盛，枝条过长时应及时修剪。

血竭 *Rumex sanguineus*

蓼科／宿根草／株高 15~30 厘米／开花季（初夏至夏末）

有着美丽红色叶脉的彩叶植物。生长旺盛，耐寒性强，要避开强烈的光照。体型不会过大，因此适合与月季一起种植形成组合盆栽。

牛舌草"杰克冰霜" *Brunnera macrophylla 'Jack Frost'*

紫草科／宿根草／株高 30~40 厘米／开花季（春季）

银色的叶子中间有着绿色的叶脉，远看过去非常亮眼。不耐酷暑和强烈的阳光照射，和玉簪一起组合种植时，需要选择明亮的半阴环境。

（ 可以用于背景的灌木 ）

加那利常春藤
Hedera canariensis

五加科／常绿蔓性灌木／
枝条长度 1~10 米

植株强健且茂盛。一般用于覆盖
花园的墙面等，此外也可以用于
拱门或柱形物上，适合作为道路
沿边的绿化植物。

冬青卫矛
Euonymus japonicus

卫矛科／常绿灌木／高 0.2~2 米

耐热耐寒性强。叶子非常小，容
易长成紧凑的株型。落叶后在春
季长出的新芽十分美丽。其中小
型的花叶品种，适合作为花坛里
的强调植物。

大花六道木
Abelia × grandiflora

忍冬科／常绿灌木／高 0.7~2.5 米／
开花季（春季）

枝条展开后较为奔放，很容易长成
一大片。除耐热耐寒性强以外，抗
病性也很好。花叶品种非常丰富，
冬季会显得很漂亮。适合直接种在
花坛里，也可作为篱笆使用。

（ 独特的银叶植物 ）

蓝羊茅
Festuca glauca

禾本科／常绿宿根草／株高 20~50
厘米／开花季（初夏至夏末）

具有一定的耐寒耐热性。不会像普
通的观赏草那样长成巨大的一丛而
难以处理，非常适合用于花坛绿化
和覆盖地面。

棉毛水苏
Stachys byzantina

唇形科／常绿宿根草／株高 50~60
厘米／开花季（初夏）

叶子上覆有银白色的美丽绒毛。独
特的毛毡般的质感，使得棉毛水苏
成为组合盆栽中的亮点。由于不耐
闷热，需要和月季分开种植。

绵杉菊
Santolina chamaecyparissus

菊科／常绿灌木／株高 50~60 厘
米／开花季（初夏至秋季）

细齿状银白色叶子，远看也格外显
眼。一般会被当作香草来种植。由
于不耐高温高湿，更适合寒冷地区
种植，且应和月季分开种植。

（ 其他颜色的植物 ）

红叶小檗
Berberis thunbergii

小檗科／落叶灌木／株高 1~2 米／
开花季（春季）

直立型的茂密灌木。图中品种为红叶的辉
光玫瑰（Rose Glow）。这个品种不仅耐
修剪，而且株型十分紧凑，和月季种在一
起会非常漂亮。

日本绣线菊"金焰"
Spiraea japonica 'Goldflame'

蔷薇科／落叶灌木／株高 0.5~1 米／
开花季（初夏）

莱姆色的美丽叶子，茂密地形成一簇簇。
因为有着和灌木月季同样的高度，因此既
可以作为藤本月季的造景植物，也可以作
为花坛里的前景植物。

芒颖大麦草
Hordeum jubatum

禾本科／半常绿宿根草／株高 30~40 厘米／
开花季（初夏）

美丽的白绿色花穗，给花园带来柔和的氛
围。可以种植在生长茂密的植物周围。不
太耐夏季的炎热，温暖地区可作为一年生
草来种植。

月季和草花混种的注意要点

月季的植株底部需要保持良好的通风，因此保持植株底部土壤可见是最理想的状态。
此外夏季需要频繁地浇水，一些容易闷坏的植物不要种植在月季附近。

① 草花应与月季底部保持 50 厘米以上的距离

一般来说，月季枝梢外围与地面的垂直空间之内，是不应该种植其他植物的。如果种植场所有足够大的空间，尽可能保持 50 厘米的种植间距。如果场地狭窄，至少也应保持 30 厘米的间距，有利于修剪和疏枝等操作。

② 在月季周围大范围地追加适量的肥料

在月季的周围种植草花植物时，保持地面平整、没有坑坑洼洼是要点。浇水的时候要均匀洒水。追加施肥时，除了按规定的计量在根部施肥，还应在周围大面积施肥。这样当月季的根系长开后，就能更大范围地吸收营养。距离月季较近的草花，可在土壤上覆盖一些珍珠岩和 Bellabon（棕榈纤维堆肥），调整因为月季需要大量浇水而导致的土壤过湿的状态。

③ 拔除入侵月季根部的草花

即使是保持了足够的种植距离，有时茂密的草花植物的枝条也会生长到月季底下去。作为覆盖地面的草花，生长过密时应及时修剪，防止枝条入侵月季的根部。特别是梅雨季节到盛夏期间，修剪一次能起到很好的效果。右侧照片中草花植物为活血丹，在月季的叶子下方能看到土面就是它理想的修剪状态。

④ 为了不妨碍光照和通风，应修剪草花

月季的根部接受光照后容易长出新笋芽，良好的通风也能减少病虫害的发生，因此在月季附近种植一定高度的草花植物时，需要及时修剪。春季开花的宿根草和一年生草，在开花过后应修剪到与地面齐平。秋季开花的植物，在初夏会逐渐生长，只需修剪到一半的高度即可，到盛夏时这样修剪两次左右就可以了。

打造小空间的月季花坛

Greating a Rose Bed in a Small Space

在玄关前的通道或者路旁狭窄的种植区域，利用60厘米宽、20厘米深的空间，就能将月季和草花组合种植。
要想打造出茂盛的景观，草花需密集种植，勤于管理。

后 5/30

宽58厘米×长2米×深40厘米

藤本月季"亚斯米娜"

月季"阿诗玛"

月季"紫晶巴比伦"

花烟草　　　石竹

牛舌草　　角堇　　麦仙翁

勋章菊

前 3/23

月季的选择方法

根据场所的不同选择直立型或紧凑型的灌木月季，优先挑选经典品种。如果空间较大，则可以将藤本月季架在迷你网格上。若是种植在道路的沿边，可以选择四季开花型月季，这样一整年都可以欣赏到华丽的花朵。

与草花搭配的方法

搭配种植在月季下方的植物，应选择耐湿且不易闷坏的品种。春季的三色堇、夏季的长春花、秋季的藿香蓟等，都是花期长且株型矮的植物，此外观叶类、地被植物也是不错的选择。如果使用植株较高的草花，可以和月季并排种植。

让人觉得可爱的搭配诀窍

在月季的下方种上约3棵同种类的草花植物，这样颜色和形态就能很好地展现出来。狭窄的空间不要使用太多种不同的颜色。以月季为主角，对比色或同色系的草花是标准的选择，此外白色植物也非常百搭。另外，如同右边的照片里那样，用铁艺栅栏来装饰花坛，会给人特别浪漫的感觉。

用四季开花的月季来做组合盆栽

Container Gardening with Roses and Other Flowers

用花盆或者在阳台种月季，同样可以享受组合盆栽带来的乐趣。

如果将其作为迎宾盆栽放在玄关前，需要长时间的放置，定期的移栽管理就变得非常重要。

下面为大家介绍一组可以从春季一直观赏到秋季的例子。

4/22

月季品种"征服"抗病性强，非常适合组合盆栽使用。向四周伸展的株型，和船形花盆很搭。春季，月季底部植物是以温柔的白色为基调的草花。

标准的变化例子

底部清爽的棒棒糖型月季最适合组合盆栽。图中月季为"粉色母亲节"，草花植物为金鱼草和摩洛哥雏菊等。

花盆的尺寸 长 46 厘米 × 宽 26 厘米 × 高 18 厘米

月季"征服"，a 姬金鱼草，b 六道木，c 蜡菊"纸瀑布"，d 屈曲花，e 三色堇

如果要制作组合盆栽，优先选择抗病性强且不断开花的月季品种。由于月季幼苗无法带来震撼的效果，所以最好使用 3 年以上的植株。草花会与月季争夺土壤里的养分，因此目标不只是一味地培育月季，还是以整体的观赏效果为主。一同种植的草花，也应选择强健且耐闷热的品种。随着植物的长大，一定要定期进行修剪管理。在有限的空间里草花不会长得过大，可以选择六道木等灌木或观叶类植物。

月 季 组 合 盆 栽 的 制 作 方 法

使用市面上销售的月季专用土和底肥混合，就能轻松地制作出组合盆栽。下方的草花，在种植前可以先和月季一起放入花盆里，这样便可以很容易地按自己的喜好来调整植物的位置。将月季最先种下盆，然后在其周围依次埋下草花，这样一个组合盆栽就种好了。

组合盆栽需要的材料

月季专用培养土
使用起来非常方便

硅酸盐白土
防止根系腐烂的介质
（参考第137页）

底肥
混合在培养土里的肥料

Bellabon
天然棕榈果的海绵纤维，经过特殊加工制成的堆肥

盆底石
铺在花盆底部利于排水的石头

花盆
用于组合盆栽的大尺寸花盆

1 混合底肥

在月季专用培养土中加入底肥和硅酸盐白土，并充分搅拌。

2 平衡调整植物位置

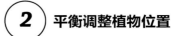

将盆底石放入花盆并铺一层浅浅的土。将月季从原盆拔出，依次放入其他草花植物并调整位置。

3 轻轻弄散月季的根系

将月季的根系弄散。如果是生长期的月季，只需轻轻地抖落泥土。根据月季的根系长度，调整底下培养土的用量，直至花盆能装下月季的整个根系。

4 从距离月季根部最近的部分开始种植

首先种下月季，随后在距离月季最近的地方开始种植草花。在草花与月季的根系之间填充培养土。种植时注意不要弄散月季的根系。

5 提升美感

当所有草花种植完毕后，在表面铺上 Bellabon 等防止土壤干燥的材料（左图）。同时也可以用石头来装饰花盆的边缘，让盆栽变得更漂亮。

完成

6 充分浇水

种完所有植物后应立即充分浇水。在水中添加一些利于生根的活性剂会让效果加倍。

根据季节更换组合盆栽里的草花植物

配合月季的开花季更换草花，
比如春季到夏季、夏季到秋季替换不同的草花品种，这样的组合盆栽就可以持续观赏。
夏季以清爽的观叶类草花为主，秋季后月季植株渐渐变大，因此适合与大花量的草花搭配。

月季第一轮开花结束后，三色堇和屈曲花等会
显得稍微有点单调，但可以一直保持这个状态
到月季第二轮开花。

为了防止弄伤月季的
根系，夏季修剪残花
后是更换草花植物的
好时机。可以用小铲
子等工具将草花挖出
来。

夏季可以添加一些令人感到凉爽的
草花植物。拔掉六道木以外的植物，
在后方种上植株较高的 **a**（角蒿"粉
色仙女"），同时再加入 **b**（五星花）
和 **c**（凤梨鼠尾草"金色美味"）。

拔掉角蒿和五星花，加入 **a**（蓝花鼠尾草）、**b**（百日草）、**c**（地锦）。

在夏季观赏过金色叶子的凤梨鼠尾草，修剪后会在秋季开出花来。

秋季草花生长放缓，可以密集种植。

本章会为大家介绍如何让月季开得更加美丽，植株更加强健的基本管理方法。

第一章中已经介绍过月季一整年的种植管理，根据枝条的优先顺序更新笋枝是非常重要的。

此外在一年中，不同生长周期也有对应的不同的管理办法，

不仅是盛花期，夏季和休眠期也有不可缺少的维护技巧。

因此月季的栽培并不是一次性的，日复一日的细心观察才是让月季茁壮生长的关键。

请充满爱意地照顾自己的月季吧！

导览

第 三 章

让月季美丽盛开的

栽培基础

月季的生长周期

月季有生长期和休眠期。处于生长期时，根系生长活跃，吸收土壤的养分和水分来进行光合作用，然后产生的养分用来供给叶子和孕育花朵，此外还可以等来年春天继续为植株输送和存储养分。处于休眠期时则生命活动基本停止。

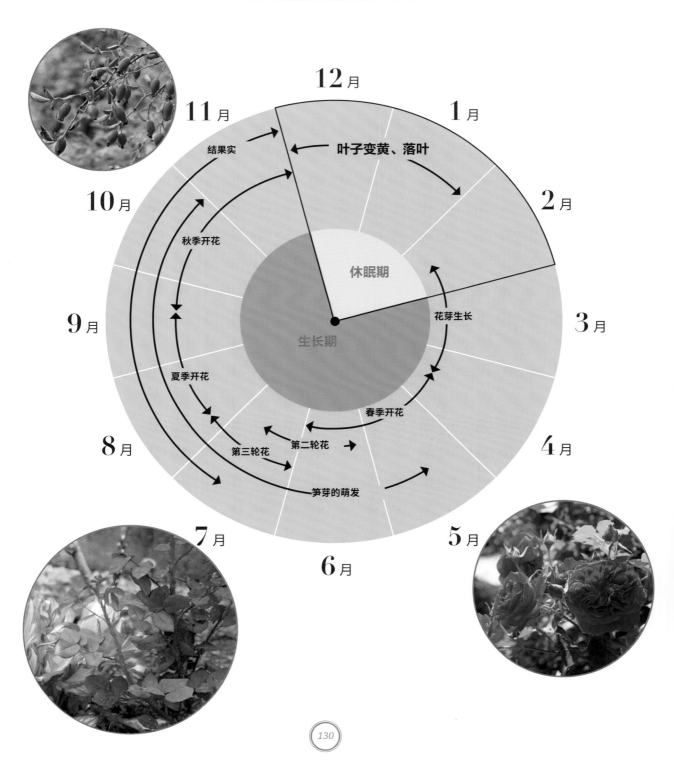

12月

11月

1月

10月

2月

结果实

叶子变黄、落叶

秋季开花

休眠期

9月

花芽生长

3月

生长期

夏季开花

春季开花

8月

第三轮花

第二轮花

4月

笋芽的萌发

7月

5月

6月

月季的全年管理计划

尽可能根据月季的生长周期进行管理。生长期时，给予充分的光照、水分和肥料，
防止水分过度蒸发和病虫害的发生，有助于枝叶更好地进行光合作用。
休眠期时，修剪掉影响来年生长的枝条和根系，然后进行枝条整理和移栽。

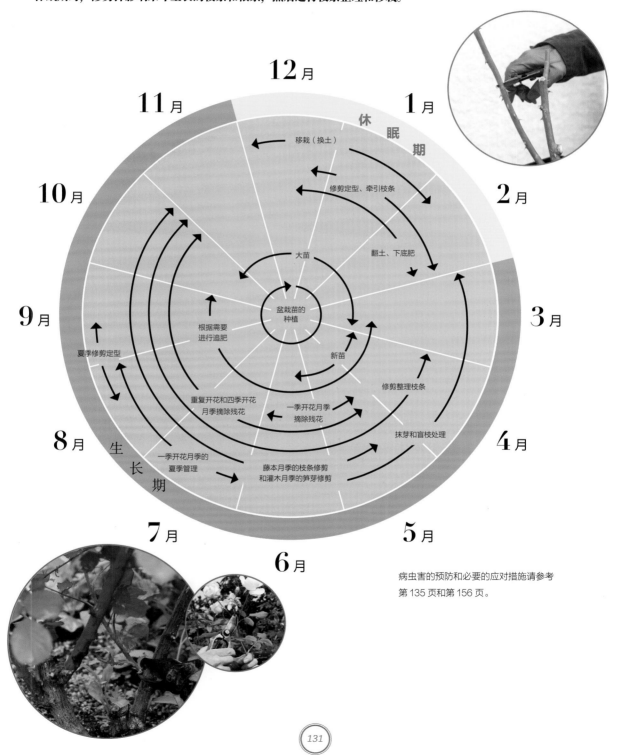

12月

11月

休眠期

1月

移栽（换土）

修剪定型、牵引枝条

2月

10月

大苗

翻土、下底肥

盆栽苗的
种植

9月

根据需要
进行追肥

新苗

3月

夏季修剪定型

修剪整理枝条

重复开花和四季开花
月季摘除残花

一季开花月季
摘除残花

抹芽和盲枝处理

4月

8月

生

一季开花月季的
夏季管理

藤本月季的枝条修剪
和灌木月季的笋芽修剪

长

期

7月

5月

6月

病虫害的预防和必要的应对措施请参考
第135页和第156页。

一天至少需要 3 小时以上的光照

月季喜欢光照充足的环境，种植时尽可能地选择每天直射光照 5 小时以上的场所，最低也应保证 3 小时。观察不同季节的花园或阳台的光照变化，春季至夏季阳光充足的场所最佳。当光照充足时，植物的光合作用会很活跃，更容易长出强壮的笋芽。只要不在完全遮阴的环境里种植，月季也能利用间接的光照来生长，但是要挑选比较耐阴的品种才行。

倘若需要大面积的遮盖，最适合的品种非藤本月季莫属，此时应尽可能地选择阳光充足的场所种植。

基本的管理

良好的通风是关键

通风不良，意味着月季的生长环境闷热，容易滋生病虫害；并且叶子无法蒸发水分，光合作用减弱，导致植株生长不良。因此最基本的要求就是要保持月季周围通风良好。如果是家里或者篱笆围起来的狭小空间，原本就不太通风的场所，可以通过牵引扩大枝条间距来增加通风面积，也可以修剪过于密集的枝条和底部茂密的草花。应根据自身的情况寻求合适的解决办法。

如果叶子生长茂盛时发生黄叶现象，这是根系闷热的表现。在下个季节要注意大量修剪枝条。

植株底部清爽干净的树形月季。通风不良的场所尤其适合种植这样的株型。图中月季品种为"安云野"。

浇水要见干见湿

月季是喜大水的植物。生长期，茂密的叶子进行光合作用的同时，随着气温上升会从叶子表面蒸发水分，如同人体自动调节体温的功能一样。但是如果不等土壤变干的时候就浇水，根系会往地表附近生长，月季自身抗干燥的能力就变弱了。所以当土壤表面干燥时，应充分浇透深处的土壤。尤其注意梅雨季节，水无法穿过茂密的叶子落到植株底部，因此一定要确保浇水到位。

给盆栽月季浇水，一定要到有水从花盆底部流出为止。一般是在早晨浇水，炎热季节的傍晚湿度会上升，容易产生病害，应尽可能地避开这个时间浇水。

大 **4** 个
要点

光照、通风、水分和土壤是影响月季生长的重要因素。虽然可以在种植后再做相应调整，但是日照时间和土质应在种植前就考虑好，用心选择适合月季生长的环境。

好土开好花

对于月季的根系来说，水分和大量的空气是十分必要的。土壤的透气性非常重要，而一般的园土会在踩踏后变得坚硬，只是轻轻地挖开并不能达到通气的效果。在种植前应挖出大量的土，然后加入有机介质，这样才会成为透气性、保湿性和排水性良好的土壤。好的土壤会让月季的根系充分生长，植株更加健康，同时也更容易冒出新的笋芽，弥补缺少光照带来的影响。如果房子周围的土壤不好，也可以通过这种方式进行改良。

挖出的土壤是湿润的状态则最为理想。握紧泥土，手掌张开后会松散的土壤为好。

挖出土后，如果发现深处的土壤依然是干燥的，则说明水分无法浸透土壤。此时土壤是十分坚硬的状态，要进行土壤改良。

四种规格的月季苗

月季苗大致分为四种规格，销售的时期和价格也有所不同。

如果想要快速达到理想的造型效果，推荐购买盆栽苗和大苗。

大苗在冬季种植后来年就会开花，新苗则不会那么快开花，更适合有一定经验的人来栽培。

可以全年购买的花苗

盆栽苗

购买的盆栽苗一般苗龄已达 3 年以上，且种植在花盆里的时间超过 1 年。作为成熟的植株，非常健壮，适合初学者栽种。如果是处于开花期的盆栽苗，买回来就能直接欣赏花朵了。价格比大苗贵。生长期的盆栽苗，枝叶长势旺盛，购买时需要注意挑选没有被害虫啃食过和没有病害的。休眠期则要挑选枝条没有起皱的，并确认根部土表没有茶色的块状物。

长枝苗

盆栽苗中，也有枝条长达 1 米以上的蔓生和半蔓生藤本月季，销售时花盆里带有支柱。生长期和盆栽苗相同。由于销售数量不多，需要到月季专卖店咨询购买。由于培育的时间较长，所以比一般的大苗还要高大，能够直接覆盖拱门和网架，推荐想要快速观赏到开花景色的人购买。挑选健康花苗的方法和盆栽苗一样，另外要注意挑选有粗壮主干的花苗。

限定季节销售的花苗

春 （4～6月）

新苗

新苗指的是在上一年的秋冬季嫁接、来年春季开花的一年苗龄的苗。价格相对比较便宜，但新苗较为弱小，必须要在年初进行人工喷药。藤本品种的月季在第一年不会开花。无论是用营养钵还是花盆种植的新苗，买回来后必须移栽到大一号的花盆里或是直接地栽。挑选新苗时，同一个品种要选枝条粗壮、叶子大且健康茂密的。3～4 月在店里购买新苗时，要挑选没有被寒风和霜降侵袭过的。

秋 **冬** （10～3月）

大苗

大苗是由当年春季种植在田间的新苗，经过一段时间的生长，秋季长大后挖出的苗龄两年的苗。一般是裸根的状态，但也有种在花盆里销售的。在田里种植的苗长得更健壮，春季长出枝条后就会开花。价格比新苗贵。购买时注意挑选枝条饱满坚硬的，避免枝条上有起皱的部分。过早从田里挖出来的苗枝条不够饱满，因此推荐 10 月下旬或 11 月以后再去园艺店里购买。

定期预防消毒

月季长到一定程度后，抗病虫害的能力也会变强，即使掉落一些叶子也能马上再长出新的来。
但是对于幼苗而言，必须给予足够的抵抗病害的管理。
不仅要在病害发生后及时治疗，平时也要定期做好消毒预防工作。

〔 仅有几棵月季的场所 〕

如果仅有几棵月季时，可以使用稀释过的手持式喷洒性药剂。推荐使用有多种病虫害预防效果的"乙酰甲胺磷、杀螟松、嗪胺灵"和"胺磺铜"。生长期每隔1周到10天喷洒一次，开花期前夕喷洒药剂预防效果更好。而购买新花苗时就应首先进行有效的消毒杀菌处理。

喷雾型的药剂在使用时应与月季保持50厘米以上的距离，均匀地喷洒在整棵植株上。注意不要在同一处长时间喷洒，那样会灼伤植株。

消毒必需品

消毒的时候应穿上防水的衣服，戴上防护眼镜、塑胶手套和帽子等，尽量不要让皮肤直接接触消毒液。在种植了许多月季或是有藤本月季的场所，使用电动的喷雾器会很方便。

〔 大范围种植月季的场所 〕

如果种植了大面积的藤本月季或大量植物的场所，可以将稀释后的药剂装在喷雾器里使用。喷洒时将药剂和黏着剂（Abion E，帮助药剂更好地吸附在月季上）一起使用。如果是在晴天的中午喷洒会使得药剂的浓度过高，所以应在傍晚凉爽的时候或阴天时进行消毒处理。

在喷雾器的容器或水桶里加入水和规定剂量的黏着剂，再加入药剂，然后摇晃容器或用木棒等充分搅拌，使浓度均匀。

确保药剂均匀地喷洒在叶子表面，可以调整喷嘴的方向，从植物的根部往叶子的背面喷洒。枝条交叉处可以用8字形方式喷洒，直至有液体滴落下来。

推荐的预防消毒药剂

预防用的消毒剂里有针对多种病原菌的成分，多次使用后病菌会产生耐药性。但这类药剂的杀菌力较弱，不推荐在治疗病虫害时使用。关于应对各种病虫害的方法，可以参考第156页。消毒时，可以将预防用的杀虫剂（烯啶虫胺颗粒药剂）等混在消毒剂中使用。

简单的喷雾型

主要成分：乙酰甲胺磷、杀螟松、嗪胺灵

可以直接使用的罐装喷雾杀菌杀虫剂。对预防白粉病和黑斑病非常有效，药效持续时间长。

稀释型

嗪胺灵

成分能渗透至叶子内部，充分发挥预防和治疗效果。可预防白粉病、黑斑病。

百菌清

针对白粉病、枯萎病和斑点病等多种病虫害的综合杀菌剂。药效持续时间长。

月季苗的种植

月季种植在任何时候都可以进行。挑选合适的场所，挖掘足够大的种植坑，加入富含有机物的土壤。
栽种之后不是不能移栽，但最好还是在最初的种植地点将月季培育长大。盆栽月季可以使用市面上销售的培养土。

〔 地栽的诀窍 〕

彻底改良土壤

为了让月季的根系更好地生长，种植前需要先改良土壤。将种植场所的土壤充分地挖开，加入腐叶土和堆肥等有机介质，硅酸盐白土和 Bellabon 等改良土壤的介质（详见右页），均匀地混合在一起。这样就会成为具有保湿性、保肥性、排水性和透气性的优良土壤。改良土壤的同时将底肥也一起混入。

挖出种植的深坑

种植坑一般是长宽高各 50 厘米的正方体。为了让根系生长到地下深处，需要足够的深度。

为了让植株更好地生长，将根系松散开来

土壤调配比例 ·················
· 自身园土 6 份
· 堆肥 1 份
· 腐叶土 2 份
· 硅酸盐白土、Bellabon 1 份
· 底肥（规定量）

* 如果自身园土特别坚硬，可用赤玉土替换掉一半园土的量，同时增加 Bellabon 的比例。如果是砂质的园土，则要加入充足的腐叶土和堆肥。

充分浇水

将植株的根茎接口处暴露在土壤外
嫁接的部分不要埋入土里。

无法挖出深坑时
可以用砖块或木材等堆砌成一个广口的浅坑来种植。坑的深度为 30 厘米左右、长宽为 60 厘米左右即可。

50cm

50cm

弄散根系的方法

生长期

如果在生长期种植月季，根系容易被碰伤，因此要尽量避免弄散根系。将月季苗从花盆里拔出，稍微抖散周围的部分土壤和底部少量的根系。新苗的嫁接口很容易辨认，可以捏住嫁接木处的茎干，小心地将泥土抖落。

休眠期

在休眠期种植盆栽月季一般选用大苗。盆栽苗的根系会盘结在一起，可以用小刀切除底部及周围一圈的土壤和根系，用小棍子捅落根系上的旧土达到图片中的状态。裸根大苗的土也要全部抖落。

盆栽苗全年都可以种植

盆栽苗在一年中的任何时候都可以买到。市面上以花盆直径为 18 厘米的盆栽苗为主，一年四季都可以种植。种植的时候要根据生长期和休眠期，小心处理根系。夏季种植时，要控制底肥的量。因为这个时期浇水频率很高，肥料会不断溶解到土壤中，造成浓度过高，因此将肥料减少到规定使用剂量的 2/3 即可。移栽后苗的根系需要一个月左右来适应新环境。待到根系长出或是长出新芽后，再按规定计量施肥。

盆栽种植的诀窍

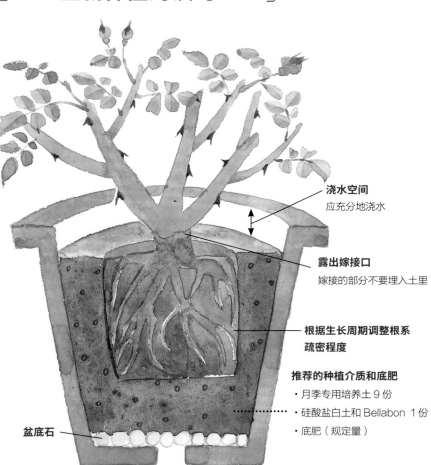

浇水空间
应充分地浇水

露出嫁接口
嫁接的部分不要埋入土里

**根据生长周期调整根系
疏密程度**

推荐的种植介质和底肥
·月季专用培养土 9 份
·硅酸盐白土和 Bellabon 1 份
·底肥（规定量）

盆底石

花盆的材质

花盆应选择透气性好且容易干燥的材质。花盆越重越能平稳地放置。重量轻的花盆在月季长大后容易失去平衡发生倾倒现象。

花盆的尺寸

一般新苗种植在直径 18 厘米的花盆里，移栽时需要换到比原来大 2 号的花盆里。大苗的根系粗壮、数量又多，需要使用直径 21 厘米或 25 厘米的深盆。藤本月季的土量和枝条伸展长度成正比。如果要让枝条充分生长则需要直径 30 厘米以上的花盆。

保湿性和排水性好的土壤

盆栽的月季一般可直接使用市面上卖的月季专用土。需加入底肥一起使用，适量地加入 Bellabon 和硅酸盐白土，可以有效防止根系腐烂。

种 植 使 用 的 介 质 和 底 肥

盆栽用 ▶

营养土

可以直接使用的盆栽混合营养土。富含多孔的介质，适合环境苛刻的阳台使用。由于不含肥料，需要加入底肥，也可以将其加入园土中来改善土质。

盆栽 / 地栽用 ▶

硅酸盐白土

由天然多孔的轻黏土和硅酸盐白土颗粒化制成的园艺介质。富含植物生长所需的矿物，可以起到净化水和土壤的作用，能有效地防止根系腐烂，促进生根和帮助吸收肥料。

椰壳碎

由天然椰子果实的海绵状纤维切片化制作而成的介质。加水后能膨胀到原来体积的 1.5 倍，失水后又会收缩，加入土壤里能提高保湿性和排水性。特别适合用于改良黏质土壤，也可用于防止土壤表面干燥。

底肥

加入土中混合使用的球状固体肥料，可以与根系直接接触。富含磷酸、钾，可以使月季根系更加粗壮。比起土壤中天然有益的微生物，更能增加土中的有益菌。

开花期前的管理

为了更好地让月季开出花朵，开花期前的准备工作非常重要。

对开花芽和盲枝的处理，目的是让灌木月季的主干枝条和花朵的营养集中；

修剪枝条是为了保证良好的通风，防止病害发生。同时还需要修剪笋芽，根据月季的生长周期进行维护管理。

[抹芽 3月~4月]

抹芽就是用手指直接拔掉不需要的芽点。当同一个地方同时长出2个芽点时，每个芽点都会从根部吸收营养。任由芽点生长，长出枝条后就会与其他枝条交错，因此要摘除不必要的芽点，让营养集中到需要的枝条，才能开出好花。对于有着大量芽点的藤本月季来说，不需要特别在意抹芽与否。

图中的月季在一根枝条上有1个主芽（较大的芽点）和2个副芽（较小的芽点），总共3个芽点。通常只有主芽会长出枝叶，但也有主芽不长而副芽生长的情况发生。

用手指直接抹掉枝条上较弱的芽点，让营养集中在一个芽点上。

[盲枝的处理 4月~5月]

盲枝是指不会结出花苞并停止生长的枝条。为了能够让枝条再次生长开花，需要对盲枝进行修剪处理。为了长出好芽点，应直接修剪到粗壮的枝条为止。虽然放任不管也会从下部其他地方长出新芽，但越早处理盲枝就能越早观赏到花朵。开花数量较多的藤本月季，则不需要过分关注盲枝。

长完叶子就停止生长的枝条。如果无法确定，就用手捏一下顶端的芽头，能感觉到坚硬的鼓起的就是花苞，否则为盲枝。

修剪枝条时，直接从铅笔粗细的地方剪断。新的枝条会从根部的芽点长出，不用担心。根据芽点的长势朝向，适当调整剪切位置。

有利于开花的追肥

除栽种时和休眠期需要施肥之外，平时也应根据月季的生长周期补充营养进行追肥。每年冬季添加大量底肥和开花前追肥都是十分必要的。当月季叶色变浅，感觉长势较弱或是长出许多花苞时需要进行追肥。

推荐使用的肥料

月季经典款组合肥

水溶性的固体缓释肥，直接撒在月季根部使用。富含开花所需的磷酸、氨基酸和钙等矿物质成分。增加土壤中的有益菌，长期使用也不会令土壤变得坚硬。

疏枝和整理株型 4月~10月

生长期的
每日任务

疏枝指的是疏除不要的枝条。为了保证植株内部良好的光照和通风，将枯萎、病弱和交错的枝条修剪掉。整理株型指的是控制植株生长的高度和宽幅，通过轻微的修剪得到想要的造型。无论哪种目的的修剪都会让营养回流到根部，促进新枝条发出。

植株底部向内侧生长的细弱枝条和粗壮的枝条交错。这种照不到阳光也长不好的枝条就是不需要的枝条。

将细弱的枝条从根部剪去。对于苗龄在 3 年以上且上部叶子茂密的植株，摘去植株底部 30 ~ 50 厘米以内的全部叶子。

保持植株底部干净清爽的状态，有利于根部接受光照长出笋芽。避免底部由于溅起的泥点而传播蔓延病害。

灌木月季的笋芽修剪 5月~10月

直到秋季都
需要持续

灌木月季修剪笋芽的目的是调整株型，促进分支，增加主干枝条数量（相当于增加开花的数量）。由冒出的笋芽长到 1 米多高的枝条，应修剪到及膝的高度。修剪过后，理想的情况下会再冒出 2 根左右的枝条。如果此时枝条数量已经足够，就可以将旧枝条上冒出的笋芽剪掉。

笋芽得到充分的光照进行光合作用，还需要足够的肥料和水分，如果营养不足就无法长得饱满。春季到初夏只要能发出一根笋枝就可以。

想象剪去枝条后再发芽的位置，在此处进行修剪。最初以及膝的高度（约 50 厘米）为宜。若枝条柔软，可以徒手直接折断。

修剪后的状态。萌发新芽之处应保证良好的光照。

开花期及开花后的管理

月季凋谢后，为了能再次观赏到花，在开花后摘除残花和修剪开花枝是不可或缺的工作。

这些事可以在开花期的日常管理中完成。

梅雨季节到夏季，这期间通常会长出大量茂密的枝叶，需要经常整理枝条，防止出现通风不良的情况。

摘除残花 `5月~10月`

月季开花过后，为了保持美丽的景观，应在花朵快要凋谢之前就将残花从花柄处摘除。若是多花品种的月季，当一簇花团最中间的花朵打开后，周围一圈小的花苞也会渐渐长大，及时摘除残花有利于周围的花苞更快开放。如果一根枝条上仅有一朵花，就在开花之后尽快剪掉。

一枝一花的情况

叶子较少的新苗和较弱的植株，应尽量保留更多的叶子来进行光合作用，修剪残花时只需剪掉花朵即可。如果是生长旺盛的四季开花的月季，可以连同枝条一起修剪掉（见右图）。

一枝多花的情况

只需剪掉凋谢的花朵即可。当一簇花枝上所有的花朵都开败后，就从花朵下方 1~2 片叶子处剪掉。

修剪开花枝条 `5月~10月`

四季开花的月季，需要修剪开花枝促进花芽生长，这样就能再次开花了。修剪的长度大约为枝条长度的一半，最少也要从花朵下方 1~2 片叶子的位置开始修剪。

将开完花的枝条修剪掉一半的长度。然后围绕着已经修剪过的枝条，继续修剪其他的枝条。

修剪掉开过花的枝条之后，要调整所有枝条的高度，保证每一根枝条都能充分照到阳光，这样很快就能再次开花。

为了以后再次开花进行追肥

开花后的追肥可以补充月季开花时失去的能量，为下一次开花和枝叶生长补充营养。这样的追肥被称为"礼肥"。追肥对四季开花的月季特别有效，为了开花效果一定要施肥（10月末以后停止施肥）。重复开花的月季，只需要在第二轮开花前施肥。推荐使用富含有机物的缓释肥。

肥料有可能会灼伤根系，因此施肥时应该保持一定距离。

翻土的犁

在追肥的同时进行翻土

追肥的时候，用犁或者叉子轻轻翻动表面的土壤，可以让土壤变得松软、透气性更好。同时拔除杂草。

〔 一季开花月季的夏季管理 7月～8月 〕

一季开花的月季，春季开花之后就不会再开花了，按理说能保持这样的状态直到冬季。然而，从梅雨季节到夏季期间枝叶会长得非常茂密，需要及时打理，保证营养回流到新枝条上，使明年的开花枝条长得更加壮实。将向内侧生长或较细的枝条修剪掉，有意识地保留通风和光照的空间。

前

一季开花月季"勒达"，苗龄有 3 年以上。同侧的枝条过于密集，看不到植株另一侧。

后

疏除掉不需要的枝条后的清爽状态。植株的底部、枝条之间都留出了一定的空间。

开始

从根部开始修剪，剪掉靠近根部长出的、伸展到花盆边缘的枝条，是它们让月季底部通风不良。

修剪掉纤细和枯萎的枝条。特别要注意叶子交错导致光照不好的地方，枝条很容易枯萎。

即使是长到一定程度的粗枝条，也有向内侧生长并与其他枝条交错的情况，应从根部开始修剪。

避免通风不良，藤本月季的夏季修剪 `7月~ 8月`

藤本月季在梅雨季到夏季期间会长出很长的笋枝。对于已经牵引过的老枝条，长出新枝后会过于密集，容易发生病害，所以要疏除枝条以保持通风。笋枝的处理原则参考第17页的介绍。保留下来的枝条让它竖直生长，多余的枝条全部剪掉。

前

有着3年苗龄的"路易斯·欧迪"，枝叶茂密得已经无法看清中间的栅栏。

后

修剪掉枯枝、细枝，保持植株清爽的状态。如果无法减少枝条数量，也可以只摘除枝条上交错的叶片，让空气流通。

开始

如果想要将新长出的笋枝作为新主干培育，那么在同样方向上牵引过的老枝条就不需要了。

剪掉纤细的老枝条，给新枝条留出足够的空间。将新枝条竖直绑在栅栏上。

即使是刚长出的笋枝，也可能发生虫害或者枝梢弯曲而失去"顶端优势"。这样下方的芽点长出的枝条就会变得纤弱，最终停止生长。遇到这种情况时，枝条修剪要从没有细枝长出的部位开始，以促进粗枝条的发出。

预防酷热和干燥 [5月~9月]

如果月季根部的草花长得过于茂盛会引发虫害，尽可能地保证周围50厘米以内的表土裸露而没有其他植物。但是夏季西晒的强烈光照，又让人担心地面温度上升导致土壤干燥，这时就要用稻草或椰壳碎等介质在地面上覆盖一层。

比秸秆更美观的稻草段，是具有良好透气性的介质，起到防止地面温度上升和预防杂草生长的作用。

及时确认根系是否盘结 [5月~9月]

盆栽月季生长得过于茂盛，会打破与花盆的平衡，如果生长突然停止，要注意查看花盆底部的状况。如果有白色的根从花盆底部长出，就说明根系盘结了。盘根的状态会导致水分无法吸收，即使在夏季也建议尽早移栽到大一号的花盆里。由于处于生长期，注意不要碰伤根系。

枝叶长得过于茂盛，破坏了花盆和月季之间的平衡。照片中使用的是6号盆（直径18厘米），需要移栽到8号盆。

图为花盆底部和植株拔出花盆后的状态。白色的根系盘结，说明已经没有继续生长的空间了。

为了降低植株的高度，修剪直立灌木月季的枝条

直立灌木月季修剪笋枝之后，会长出分枝，重复不断修剪的话，随着年份增加月季会越长越高。植株上部的营养充足，新的枝条上更容易长出花苞来。如果希望降低株高，可以趁着底部发出笋枝时，剪掉老枝条；也可以在生长期剪短老枝条，就会长出新枝条，以这种方式来保持较矮的株型。

粗壮的主干旁边长出2根笋枝，如果不修剪主干，营养就会送到上部。

希望养分集中到新的枝条上，越早修剪主干效果越好。

发生这些情况时应该如何处理？ Q&A

Q1　叶片变黄

如果叶子如图中一样变黄时，就需要考虑是什么原因造成的。

Q2　枝条枯萎

盆栽种植的月季，当其他枝条生机勃勃地生长时，突然有一根枝条枯萎了，剪断发现中间是褐色的。这是什么原因造成的呢？

A　是否缺少水分？

出现如图中叶子变黄的情况，是缺少水分的表现。浇水的频率，需要根据土壤的状态来调整。如果在气候闷热或酷热的时期叶片变黄，要挖开土壤查看，如果仅土表湿润而中间干燥，则需要在冬季改良土壤。如果整棵植物的叶子全部变黄，也有可能是营养不良。

注意叶子的异变表现

根据环境和植株的状态，月季的叶子会有各种各样不同的表现症状。下面重点介绍3种最容易发生的情况。早期的发现和处理是非常重要的。给植株预防喷药之后会降低黑斑病和白粉病发生的概率。

A　这是月季的自我调节

盆栽时，花盆里的养分是有限的。如果有个别的枝条枯萎，其他枝条都在生长，那是月季自我调节营养分配的结果，只需将弱小的、枯萎的枝条和老枝条直接剪掉即可。这种情况在地栽月季缺水时也会发生。

黑斑病

叶子上有大面积的黑色斑点，之后就开始变黄凋落。这时应摘除植株底部的老叶子来保持良好的通风，同时喷洒对症的农药。下雨时将盆栽月季挪到屋檐下，可以起到预防的作用。

白粉病

新芽和嫩叶的表面覆盖着白粉。应减少傍晚浇水次数来降低夜间的湿度，同时减少氮肥。病害严重时可以喷洒适用的农药。

镁含量不足

初期时叶脉间的颜色变淡，之后除叶脉是绿色外，其余全部变黄。易发生在夏季。追肥时可以添加含镁的肥料来改善此情况。

休眠期的管理

月季遇寒后就会落叶，整棵植物进入休眠期。

这时根系几乎停止生长，因此适合进行移栽和土壤改良，凡会对根系造成影响的都应尽可能选在这个时期进行操作。

冬季枝条水分较少，也是月季大幅度修剪定型的好时期。芽点萌发的2月下旬就要停止修剪了。

〔 翻耕土壤（土壤改良）`12月~ 2月` 〕

月季周围的土壤，经过浇水、淋雨和日常管理的踩踏之后会变得坚硬。一年一次的翻耕，可以改善土壤的透气性。翻耕土壤的同时，可以添加腐叶土和堆肥等改良土壤的介质。对于藤本月季，如果发现植株停止生长、没有笋芽长出或者浇水无法浸透时，就必须进行土壤的翻耕。

〔 底肥 〕

底肥指的是辅助根系生长，并为春季开花和枝叶生发而使用的肥料。在翻耕土壤的同时加入底肥可以起到良好的效果。盆栽种植的月季，可以在种植时添加底肥。由于肥料富含磷钾，平时移栽或换盆时也可以使用。

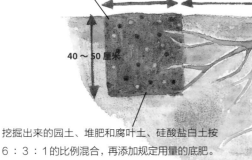

从根系附近开始挖坑，即使切到外侧根系也没关系，避开容易干燥的地方。

30~40 厘米　　40~50 厘米

40~50 厘米

挖掘出来的园土、堆肥和腐叶土、硅酸盐白土按6：3：1的比例混合，再添加规定用量的底肥。如果土壤的排水性不好，可以添加椰壳碎。

如果植株附近有其他植物，或是周围有结构物时，可挖掘的空间就比较小。

适合改良土壤的介质

硅酸盐白土
黏土矿物介质，透气性好，可以防止根系腐烂、促进根系发育。

椰壳碎
棕榈果壳的碎片，可以作为腐叶土等介质的替代品，用于改良黏性土壤特别有效。

腐叶土
透气性、保湿性和保肥性优良，能够提高土壤中的微生物量。

堆肥
代表性的有机物介质。需使用充分发酵好的堆肥，能在土壤中缓慢分解。

［换大盆／换盆 12月~2月（换土）］

盆栽的土壤容量有限，当根系缠绕没有生长空间时，就无法吸收土壤中的养分了，因此一年至少要更换一次新土。当植株长得过大时要移栽到大一号的花盆里。如果无法移栽到大盆，可以配合花盆的高度修剪掉部分根系，然后重新种回到原盆里。这个操作需要在修剪定型之后再进行。

1 苗龄 3 年的月季"克莱尔·奥斯汀"。从花盆底部可以看到有白色的根系长出，拔出植株后根系土块的表面布满细根。

4 将根系处理到如图中一样的状态。横向比较展开后的根系和花盆的高度，是修剪根系长度的诀窍。

2 用刀将根系土块底部卷曲的白色根系部分切掉。之后还会长出新的根系，因此不必担心。

5 将高于盆高部分的根系剪掉。即使根系能够完全放入花盆，也应修剪掉受伤的或过长的根系。

6 将根系展开后放入溶有活性剂的桶里，完全浸泡一个小时左右。

3 将根系土块横放，用叉子等工具一边转动土块一边抖落侧面和底部的旧土。

7 在花盆底部放置花盆孔用的网格，再铺上一层薄薄的盆底石。先加入一部分混有底肥的月季专用土。

8

将月季主干直立向上放入花盆中，添加土壤。用木棍等辅助物将根系间的空隙填满泥土。

9

加入土壤并保留出 3 厘米左右的浇水空间（土壤表面到花盆上边缘的空间）。将之前浸泡根系含有活性剂的水缓缓倒入土中。加入水后泥土会松动，再用木棍等压实泥土。

10

种植完成。嫁接口露出土壤表面。冬季土壤会稍微干燥一些，等土壤完全干透后再浇水。

一定要充分地添加底肥

花盆的容量有限，所以从土壤中得到的养分也是有限的。为保证植株营养充足，一定要加入底肥。对于四季开放的月季，除了添加底肥之外，不要忘记在每次开花后追肥。

替换大花盆内的部分旧土

12月～2月

使用 10 号（直径 30 厘米）以下尺寸的花盆时，可以直接将植物从花盆里拔出再种植，因为大盆过重不容易移动，在无法挪动时，可以挖出部分旧土，加入混有底肥的新土。

1

长 100 厘米 × 宽 45 厘米 × 深 50 厘米的瓦盆里种植了 2 棵月季。确定好需要挖掘的位置后，用切根的刀具插入土中。

2

将花盆底部的土壤挖出来，不用担心弄断根系，将断掉的根系去除即可。如果是圆形的花盆，可以沿外缘挖出半月形的坑。

3

加入含有底肥的新土就替换完成了。和换盆一样，用木棍等物压实土壤。

5月，"威廉莎士比亚 2000"（红色）和"雪球"（白色）都开花了。

〔 修剪定型和牵引的基本知识 〕

时间和目的

修剪定型和牵引，不仅是为来年的植株造型所进行的设计，同时也意味着更新主干让月季重返年轻态。由春季到夏季生发出的笋芽次年就能长成为主干，主干每隔 3~5 年要用新枝条替换一次。老的主干被新的笋芽替换，植物可以重返年轻态，开出大量的花。所进行的操作都要在芽点开始萌动的 2 月下旬前完成。而考虑到枝条变硬后再进行牵引不易使枝条弯曲，因此更加理想的时间是在 1 月前完成。

修剪掉不需要的枝条

为了令病害虫无法过冬，即使是没有枯萎的叶子也应全部摘除；细枝、枯枝等不必要的枝条应全部修剪掉，包括长势弱或顶端又冒出叶子的分枝；前一年 10 月以后长出的笋芽，由于没能进行充分的光合作用，枝条柔弱长不大，也要修剪掉。无论是灌木还是藤本月季，如果不需要增加枝条的数量，就没有特意修剪的必要。

不会长出新笋枝的老枝条，与其他枝条相比较弱的枝条，都需要剪掉。

5 年苗龄的月季品种"新曙光"的拱门造型。前年预留下来的枝条修剪定型和牵引完成后，月季重返年轻活力，开花时也会格外美丽。

剪去所有不需要的枝条之后，留出了生长的空间。健壮的枝条间有交叉也没关系。

休眠期是修剪定型的最好时期，因为叶子掉落后一眼就能看出株型的样貌和芽点的位置，而且这期间枝条内部的水分流动少，即使修剪掉较粗的枝条也不会因水分流失而枯萎，对月季造成的损伤最小。无论是对灌木月季还是藤本月季进行造型时，都需要首先设想来年的生长高度和造型效果，然后再动手。一旦芽点萌动，不久就会开花，因此所有工作需在立春前思考规划好。对如何修剪定型没有准确的答案时，积累经验是重点。

在饱满的芽点上方 5 毫米处开始修剪

对于灌木月季而言，在饱满的芽点上方 5 毫米处开始修剪是基本的要点，新的花枝都是从离剪切口最近的芽点长出来的。芽点的位置可以根据上年枝条生长的方式预测得出。修剪时尽可能让剪切口面向外侧，让枝条向外侧生长，来得到外形匀称的株型。

芽点

在芽点上方 5 毫米左右的位置，沿着芽点生长方向斜向上修剪。由于芽点不耐雨淋，保证剪切口的干燥是重点。修剪时注意位置不要太靠近芽点，否则芽点会枯萎。

好的芽点

选择没有受伤的饱满芽点（左图）。冬季修剪前就已长出的芽点（右图），即使保留也开不出好花，甚至不能抽芽。以株高和芽点的朝向为优先考虑条件，挑选饱满的芽点。

将不饱满的枝梢剪掉

修剪藤本月季的基本要点是将不饱满的枝梢剪掉，因为顶部不饱满就不会有花芽发出，如果不修剪就只能长出茂密的叶子。修剪长度为 15~20 厘米，不用刻意去留意芽点的位置。此外，纤细病弱的枝条要修剪到不会再萌芽的位置。

顶端细短的枝条会停止生长，也不会开花，需要剪掉。从较长的主干（笋芽）上长出的侧笋会长成开花枝条，保留 1~2 个芽点（5~10 厘米长），修剪到铅笔杆粗细的枝条处（5~10 厘米长），这样就容易开出花朵了。

开花的部分　　**不会开花的部分**

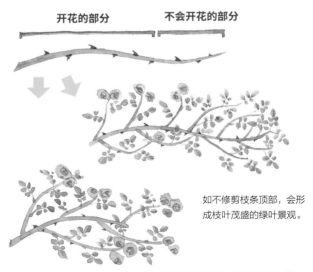

如不修剪枝条顶部，会形成枝叶茂盛的绿叶景观。

修剪枝条顶端后，整个植株会成为开花季的主要亮点，还要注意避免叶子过于茂盛。

灌木月季的修剪定型 12月～2月

开始

开始修剪前要先观察株型，如开花枝条的长度和枝条的生长方向，并在脑海中想象月季春季开花时的样子。图中为半藤本月季"家园与花园"，可以看出这是一种枝条偏柔软的月季品种，开花枝条长度约40厘米左右。切记即使是同一个品种，开花枝条的长度也会因种植环境、苗龄等因素而变化。因此修剪的程度必须根据自己的情况进行调整，逐渐积累经验，培养出良好的手感。

剪掉不需要的枝条

纤细的枝条

枯萎的枝条

交错的枝条

首先要修剪掉不需要的枝条，如牙签般纤细的枝条、枯萎的枝条、向内侧生长的枝条，或是交错生长的枝条。如果枝条过多，可以把达不到铅笔杆粗细的枝条依次修剪掉。

小贴士
仔细观察月季的枝条结构

枝条柔软的月季，过度修剪就会长出变硬的笋芽，破坏整体的样貌，因此注意千万不要过度强剪。

小贴士
修剪粗壮的枝条

修剪粗壮的枝条时，将剪刀的下刃刀口斜着插入枝条，然后向下用力剪切，利落地将枝条剪下。也可以使用细小的锯子。

修剪花坛或盆栽的丛生月季时，想要让它们茂密地开放，需根据开花的高度来修剪枝条，直立月季、藤本月季或半藤本月季都可以同样处理。参考第 18 页的内容，根据顶端优势，距离剪口最近的芽点会先长出来。第一年可以略微修剪一下，希望在低处开花的剪短枝条，希望在高处开花的留长枝条。通过观察可以了解新枝的伸展长度（开花枝条的长度），是直立还是横向生长等特征。

在主要枝条的芽点上方开始剪切

确认芽点的生长方向后，就可以根据开花的高度修剪开花枝条的长度了，以剪到原来枝条的 1/2 长为宜。这样枝条会在修剪后变得饱满，开出更美的花。在没有芽点的位置处修剪有可能造成枝条枯萎，因此必须在芽点上方处修剪。

修剪完成的状态

植株在枝条数量减少之后变得很清爽。盆栽月季要以花盆的高度为参照，将植株修剪到花盆高度的一半。枝条可以保留数根，只要保证阳光从上方能照射到植株底部就没问题。

4 月的状态

月季在 4 月枝叶完全长出后的状态，柔软的枝条斜向伸展开来。开花时枝头会因为花朵的重量而微垂，富有柔美的气息。

小贴士

不用介意短枝条上的外芽

对于低矮的枝条，当所有枝条都修剪过后，最先萌发的芽点有可能不是从剪切口附近的芽点长出的。如果修剪的地方只有内芽，则无须担心没有外芽。

小贴士

直立月季的修剪定型

图为直立月季"小夜曲"。枝条简洁笔直的株型，重度修剪后长出粗壮的笋芽，彰显硬朗挺拔的姿态。

藤本月季的修剪定型和牵引 [12月~2月]

确认枝条的长度

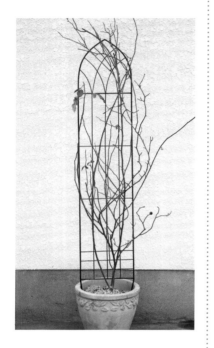

首先应确认枝条的伸展方向。由于枝条顶端需要剪去15厘米，因此必须保证牵引时有足够的长度。如果是拱门、网格等需要遮盖的构造，还需要在原来的基础上调整新长出的枝条的长度。图片里为苗龄2年的"路易斯·欧迪"。

调整枝条和支撑物之间的平衡

观察月季的枝条结构，并在支撑物上找到容易固定枝条的方向。盆栽月季，如同图中那样，按枝条平展开来的位置调整固定即可。地栽月季，则需要在种植前不断旋转调整到适合的方向。即使植株底部有些松动也不用担心，它会自己慢慢适应。

决定主要枝条的位置

粗壮的枝条对于修剪轮廓来说是非常重要的。可以从不同方向牵引枝条，调整的方法多种多样。如图所示，将2根主干分别沿着网格的两侧牵引，相互对称支撑来增加强度，看起来也很漂亮。

小贴士

装饰型的支撑物上的枝条要短

如果想将网格或拱门的上部作为装饰物时，反倒是枝条较短，够不到顶部为宜。这样在开花时也可以露出上方的装饰物，令周围景色都变得可爱起来。

小贴士

枝条搭配的方式多种多样

篱笆或墙面等左右宽阔的扇形面造型时，将状态良好的枝条分为左右两部分整理。如果是只需要牵引到一边，应从上而下牵引分散枝条。主干每隔2~3年会更新替换，不必过于担心。

无论是藤本月季还是半藤本月季，在牵引到网格等构造物时，几乎不需要将枝条剪短。但是，如果枝条的顶端不够饱满的话则需要剪短。除此之外要对枯萎和纤细的枝条进行修剪。修剪与牵引需要同时进行，先将粗壮的主干牵引覆盖到支撑物上并且固定好，再将其他不需要的枝条从根部剪去。注意不要先修剪再牵引，以免牵引时突然发觉"枝条不够了"，那时后悔也来不及了。

从底部开始固定枝条

确定了主要枝条的布局后，尽量把枝条往支撑物上靠，然后从植株下方开始牵引。无论何种造型，不要只将一根枝条完全固定后再开始处理下一根枝条，而应将所有枝条先从基部绑扎好，之后调整平衡，确保整个支撑物被均匀覆盖，避免发生枝条不足的情况。

如果有足够的枝条可以将不需要的枝条都剪去

从下方开始牵引的时候，如果有枝条重叠，就将多余的枝条剪掉。细枝条以及会遮挡主干的枝条也要剪掉；没有把握的枝条可以先保留下来。铅笔杆粗的枝条，休眠期过后就能开出好看的花朵了。

将左右两边的枝条在支架一半的高度处固定

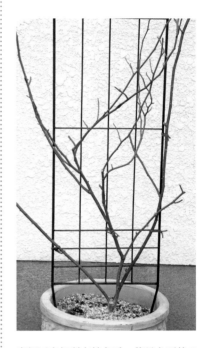

底部固定好所有枝条后，将最主要的2根枝条拉出来，在支架正中间的位置固定。如图中这种网格或拱门，可以沿着细长面S形横拉盘绕粗枝条，注意不要强行横倒，也不要因弯曲的角度过大而折断枝条。

小贴士

用麻绳固定粗枝条

从侧面看到枝条都平整地贴在支架上会很漂亮。扎带适合用来捆绑比较纤细的枝条，如果捆绑粗壮的枝条有可能会嵌入进去，所以最好用麻绳或棕榈绳来固定粗枝条。绳子也需每年更换，避免嵌入枝条。此外在支撑架上的十字交叉处固定枝条会更稳定。

布置中间的枝条

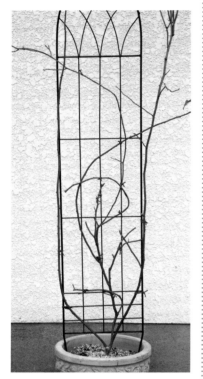

从剩余的枝条里挑选较粗的枝条固定在中央，再把其他枝条围绕着布置。纤细的枝条容易弯曲，要想开花就要将其横向放倒，可利用每一根枝条原有的角度来横向放置。枝条间要保持足够的距离。

修剪多余枝条完成操作

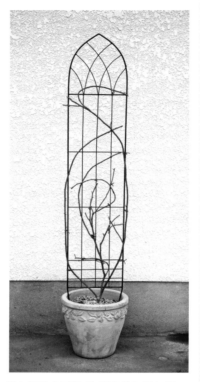

将右侧的主干枝条牵引到支架上部，左侧主干牵引到中间位置。牵引左边时有2根左右交错的枝条，需要修剪。开花枝横向拉伸后会长出短枝条开花，因此要点是在支撑架上部保留15厘米左右的空间。

4月枝叶茂盛的样子

到了4月，月季已长得枝叶茂盛，冬季牵引时稀疏的枝条如今变得郁郁葱葱。网格也已完全被枝条覆盖，中间又有适度的通透感，这种状态恰到好处。所以不要过分吝惜枝条，果断修剪尤为重要。

小贴士

纤细的枝条开花，更有效果

藤本月季通常底部会很单调，可以将一定长度的纤细枝条弯曲牵引到较低的位置。牵引时枝条弯曲能促进大量开花。

小贴士

将粗壮主干的顶端弯曲

即使是粗壮的枝条，其顶端也有柔软的部分可以弯曲，无须呈现S形，只要将顶端与地面平行牵引即可。允许顶端保持少许向上，这样就不会减弱长势。

完成的状态

5月下旬开花的"路易斯·欧迪"。左右两侧的主干基本上是竖直牵引到一半的位置，通过中间的枝条有效地盘卷，让植株不是满当当地开爆，而是展现出疏落有致的开花效果。整个植株的高度也与网格完美匹配。

修剪定型和牵引的便利道具

剪刀袋子

用来放修枝剪刀的袋子，可以挂在肩上也可以挂在腰部，修剪枝条时就能完全解放双手，非常方便好用。

麻绳固定器

可以插入土中。上半部用于固定麻绳，灵活旋转不打结，能轻易拉动。

愈合剂

防止枝条枯萎的药剂，用于涂抹粗壮枝条的剪切口。

支柱盖帽

用于支柱顶端的盖帽。幼苗和藤本月季都需要支柱来支撑，支柱盖帽可以起到防护作用，避免人在靠近时被支柱刺伤，同时也是园中一道靓丽的风景。

主要的病虫害及对策

保证每一天的良好光照、通风和充足的水分，是让植株茁壮生长的第一预防要诀。然后，定期进行预防消毒，再根据不同的情况来调整，是预防病虫害的有效措施。当病虫害不可避免地发生了，早期采取正确的应对措施十分重要，尽量将对月季的损害降至最小。

月季花瓣膨胀时应注意检查的病虫害
新芽和嫩叶，以及柔软的茎叶和花苞，都是容易被侵害的部分

蚜虫

【症状】

体长 1 毫米左右的绿色或黑色虫子，喜欢聚集在花苞、新芽和嫩叶处，吸取汁液。它们同时也是病害的媒介，排泄物会引发灰霉病。

【多发时期】

4~11 月。

【预防对策】

利用蚜虫讨厌反射光的特点，在植株底部覆盖上铝箔。

【应对方法】

蚜虫的繁殖能力很强，需要彻底清除。喷洒浸透性高的药剂，并在植株底部周围放置颗粒药剂。

* 杀虫剂：胺磺铜（主要成分为 DBEDC 乳剂），乙酰甲胺磷可湿性粉剂，噻虫胺（主要成分为氯菊酯腈菌唑混合药剂），吡虫清。

玫瑰象鼻虫

【症状】

会在花苞、新芽和嫩茎上产卵导致花苞颜色逐渐变黄，并慢慢变焦枯萎，看起来像像弯着头的样子。

【多发时期】

5~9 月。

【预防对策】

及时清除植株底部的落叶和掉落的花苞。在它们冬季休眠的时候对其进行清除。

【应对方法】

剪掉玫瑰象鼻虫产过卵的花苞和嫩叶。因其繁殖速度快，应及时使用适用的药剂。

* 杀虫剂：烯啶虫胺水溶剂和杀螟松（主要成分为 MEP 乳剂）等。

三节叶蜂

【症状】

三节叶蜂的成虫中间为橙色，它们将卵产在嫩茎上，孵化出的幼虫则会聚集啃食叶子。

【多发时期】

4~11 月。

【预防对策】

它们会在土壤中过冬，因此 3 月前翻耕土壤能减少三节叶蜂虫害的情况。

【应对方法】

将土壤轻轻挖开，发现后立即驱除。已经被产过卵的枝条，应剪下来扔掉。

* 杀虫剂：乙酰甲胺磷可湿性粉剂和噻虫胺等。

白粉病

【症状】

在花朵、花苞、新芽和嫩叶上附着的白粉的霉菌。严重感染时会导致落叶、叶子卷缩，生长速度减缓。

【多发时期】

4~6 月、9~11 月，夜间湿度高的时期。

【预防对策】

晚间湿度上升时应控制傍晚的浇水量。控制氮肥的使用。每年春天，同一个品种的同一棵植株会重复发病，平时的预防能起到很好的效果。

* 预防杀菌剂：DBEDC 乳剂、克菌丹可湿性粉剂、TPN 乳液等。

【应对方法】

修剪掉感染的部分，使用适合的药剂充分喷洒感染的植株以及周围的其他植物。如果症状没有减轻，应每隔 3~4 天再次喷药并重复 3 次。

* 治疗杀菌剂：氟菌唑水溶剂、甲基托布津甲基可湿性粉剂、环氟菌胺水溶剂等。

开花期应注意的病虫害
主要对花朵造成损害的病虫害

蓟马

【症状】

细小呈线形的黑色小虫，多潜伏于花苞，啃食花朵。

【多发时期】

5~9 月。

【应对方法】

在孕蕾时期使用适合的药剂。剪下来的花朵应及时放入垃圾袋中。

* 杀虫剂：烯啶虫胺溶剂、乙酰甲胺磷可湿性粉剂、甲氨基阿维菌素等。

金龟子

【症状】

成虫会啃食花朵，幼虫则在土中啃食根系。盆栽月季发生这种虫害时很容易枯萎。

【多发时期】

5~10 月。

【应对方法】

发现后立即捕杀。

* 杀虫剂：噻虫胺、MEP 乳剂等。

地老虎

【症状】

幼虫会聚集在叶片背面啃食叶子，成虫则如同毛虫一般白天潜伏在土壤中，晚上爬出来啃食叶子和花朵。

【多发时期】

4~11 月。

【应对方法】

轻轻挖出植株周围的土壤，看到地老虎后立即捕杀。植株叶子背面很容易发现聚集的幼虫，一旦发现，应立即将叶子摘除。

* 杀虫剂：乙酰甲胺磷可湿性粉剂、氟虫脲溶剂、氯菊酯溶剂等。

灰霉病

【症状】

感染时花和茎融化般地腐烂，花朵、叶子以及剪切口或伤口处有灰色的霉菌。白色月季上会出现红色斑点，其他颜色的月季则大多出现白色斑点。

【多发时期】

3~12 月，雨水较多的季节。

【预防对策】

注意浇水不要过多，也不要将水浇在花柄上。开花后剪掉残花。开花前的定期修剪能起到有效的预防作用。

* 预防杀菌剂：胺磺铜、代森锰水溶剂等。

【应对方法】

将感染的部分修剪掉，即使枯萎的部分也会携带病原菌，因此也要一并清除。及时清理地面的落花。

* 治疗杀菌剂：百菌清、碳酸氢钾水溶剂等。

胺磺铜（DBEDC 乳剂）

耐受性强、含有天然成分的杀菌杀虫剂。可预防蚜虫、蓟马和红蜘蛛等虫害，并起到杀虫效果，同时对白粉病、黑斑病和灰霉病也有预防和杀菌效果。

甲基嘧啶磷乳剂

能广泛杀灭蚜虫、金龟子、红蜘蛛和介壳虫。除了灌溉使用，也可以喷洒的方式使用。

吡虫清液体药剂

能普杀蚜虫、毛虫类的杀菌剂。具有浸透性，药效能持续 2 周。对有耐药性的害虫也能起到一定效果。

Born 喷雾剂

专杀介壳虫的杀虫剂。有效成分为机油。冬季喷洒能起到有效的预防作用。避免新芽生长的时候使用。

开花以后需要特别注意的病虫害

不仅会侵害成熟的叶子，而且对茎和根系都会造成损害

红蜘蛛

【症状】

聚集寄生在叶子背面吸取汁液，是病原菌的媒介。叶子变白之后枯萎掉落。不及时处理会造成大面积的叶子脱落。

【多发时期】

5~11 月，在高温干燥的夏季最容易大量爆发。

【预防对策】

保持良好的通风，经常在叶子的背面喷水。淋不到雨和晒不到太阳的阳台种植时需要特别注意。

【应对方法】

红蜘蛛害怕水，初期害虫不严重时可以用大量的水冲洗叶子的背面。如果无法控制住虫害，则应使用适合的药剂。

* 杀虫剂：乙螨唑、氟虫脲溶剂、联苯菊酯、黏着剂等。

* 红蜘蛛很容易对农药产生耐药性，因此要交替使用不同的药剂。

紫薇星天牛

【症状】

成虫会啃食枝条并在植株底部产卵。孵化的幼虫会钻入枝条，从内部啃食枝条，有时会啃食根系导致植株枯萎。

【多发时期】

4~6 月。

【预防对策】

发现成虫后立即捕杀。

【应对方法】

如果在植株底部附近发现木屑，则是幼虫啃食的结果。应从底部开始检查有没有幼虫钻入的小洞，如果有要立即灌入药剂。

* 杀菌剂：园艺用氯菊酯剂。

黑斑病

【症状】

叶子上大面积地出现黑色病斑，之后变黄开始脱落。如果不及时处理就会失去全部的叶子。周围的植物也会被感染。一定程度的大苗可以再长出新叶子，但是对于苗龄 1 年左右没有抵抗力的新苗来说，会直接导致植株枯死。

【多发时期】

6~7 月、9~10 月，开花后多雨的季节。

【预防对策】

摘除底部的老叶子，保持良好的通风。植株底部铺上的覆盖地膜能防止雨水溅落。盆栽月季在下雨时需要挪至屋檐下。新苗必须进行预防消毒。

* 预防杀菌剂：胺磺铜、克菌丹可湿性粉剂、百菌清等。

【应对方法】

摘除感染的叶子，包括上下的叶子。落在地上的叶子也要处理掉。使用适合的药剂喷洒在感染的植株以及周围的植物上。如果一次无法治愈，需要每隔 3~4 日再次施药并重复 3 次左右。

* 治疗杀菌剂：克菌丹乳剂、腈菌唑可湿性粉剂、甲基托布津甲基可湿性粉剂等。

* 黑斑病很容易具有耐药性，如果达不到治疗的效果，应重新使用其他药剂。

需要全年注意的病虫害

会侵害休眠期植株的枝条和根系，影响植株生长

介壳虫

【症状】

寄生在土表附近的枝条上吸取汁液。成虫的表面覆盖着一层壳并全身覆有蜡质。介壳虫会导致枝条、笋芽和新芽无法长出，枝条枯萎。其排泄物会覆盖在叶子表面，引起灰霉病。

【多发时期】

全年。

【预防对策】

多发生于老枝条和光照较差、通风不良的枝条附近，因此要确保植株底部通风良好。

【应对方法】

如果数量很少可以用刷子直接刷掉。注意掉落在地面上的幼虫也能存活并再次引发虫害。

* 杀虫剂：Born 喷雾剂、吡虫清等。

根瘤病

【症状】

根的一部分会膨胀起来，剥夺营养导致植物衰弱和枯萎，同时也会感染周围其他的植物。

【多发时期】

5 月、9~10 月，种植的时候。

【预防对策】

购买健康的花苗，确认根系接口处没有海带状的褶皱。避开高温潮湿的环境。种植时要注意别弄伤根系。

* 预防杀菌剂：幼苗期时将根系放在土壤杆菌剂的溶液里浸泡。

【应对方法】

将整棵植物拔出，连同周围的土壤也一起挖出扔掉。用于切割感染植物的工具上也会染上病菌，因此使用后要及时清洁。

不要忘记发芽前的消毒杀菌

在没有长叶子之前就要进行预防消毒，除去残留的病原菌和过冬的害虫。如何杀灭肉眼看不到的潜伏害虫，请参考第 135 页。对于月季的宿敌黑斑病和蚜虫等，需要有针对性地使用药剂。冬季修剪枝条的时候，也要留意观察有没有病虫害的痕迹。

* 预防杀菌剂：克菌丹乳剂。

* 杀虫剂：乙酰甲胺磷可湿性粉剂、吡虫清液体药剂。

术语解说
Keyword

株型
月季的姿态形状。

藤本
（参考第 12 页）

直立型
从地面长出数根向上生长的枝干的树形。

网格
为了支撑植物，用较细的木材做成格子状或斜向组合的支架。

视觉焦点
花园中集中视线的场所。

（现代）灌木月季
本意是株型为半藤本的月季（参考第 13 页），但由于藤本和灌木的杂交表现无法明确分类，在现代也被称为"灌木月季"。

半藤本
（参考第 13 页）

灌木直立型
（参考第 14 页）

一季开放
（参考第 15 页）

古老玫瑰
（参考第 15 页）

重复开放
（参考第 15 页）

修剪
为了促进新芽的萌发，将生长出来的枝条修剪掉。

系统
（参考第 15 页）

原种
（参考第 15 页）

原生杂交种
以原种为一方亲本，人为进行改良或自然产生的新品种。

四季开放
（参考第 15 页）

现代月季
（参考第 15 页）

蔷薇果
月季的果实。主要的可食用蔷薇果来自犬蔷薇（Rose Canina），含有丰富的维生素 C。

植株根部
植物的枝条和茎从地表长出来的地方。

主干
植株的主要枝干。月季有许多根主干，它们大多从植株底部长出。

笋芽
（参考第 16 页）

长势
植物生长的势头。

堆肥
在落叶中添加牛粪等，积累发酵而产生的有机介质。
没有充分发酵的堆肥会伤害根系，所以要使用完全成熟的堆肥。

顶端优势
（参考第 18 页）

休眠
植物无法忍受冬季、夏季或干旱的恶劣环境时会停止生长。

拱门
上半部分为半圆形的门形结构。
用来支撑藤本植物。

玄关前的通道
从大门到玄关前的空间。

英国月季
英国育种家大卫·奥斯汀培育出的月季品种的总称。
大多数被分类为灌木月季。

残花
凋谢后呈散开状态的枯萎花朵。

整理枝条
为了控制树高和枝条宽幅，对枝条反复进行轻微的修剪。

凉亭
可以用来支撑植物的遮凉棚或爬藤棚。

移栽
将植物挪到其他的场所种植。

塔形花架
木材或铁器构成的塔状结构物，用来支撑植物。

X 号盆
表示花盆的尺寸。1 号盆的直径为 3 厘米。

棒棒糖株型
（参考第 86 页）

砧木
下方用于嫁接月季枝条的植株。
一般多使用没有刺的野月季作为嫁接砧木。

嫁接枝条
繁殖月季的方法之一，
剪取一段枝条嫁接在野月季的茎上继续生长。

灌木造型
（参考第 90 页）

光合作用
植物通过阳光将二氧化碳和水转换合成为有机物的过程。

宿根草
可以多年生长的草本植物。
狭义上指一年之中的某段时期，露出地面的部分会枯萎休眠的草本植物。

地被植物
株高较低，用于大面积遮盖地面的植物。

重度修剪
在冬季大面积修剪枝叶。

生长期
能进行光合作用，枝叶生长、开花的时期。

培养土
为了营造更适合植物生长的条件，加入赤玉土和堆肥等的改良土壤。

盆底石
为了增强排水性而放入花盆底部的石头。

第二轮花
春季第一轮开花之后开的花。

大苗
（参考第 134 页）

新苗
（参考第 134 页）

盆栽苗
（参考第 134 页）

长枝苗
（参考第 134 页）

耐药性
指的是病原菌和害虫对农药有一定的抵抗力。

赤玉土
将赤土干燥后颗粒化的种植介质。
透气性、排水性、保湿性和保肥性都非常优秀。

嫁接口
嫁接枝条和嫁接木结合的部分。

腐叶土
由落叶树的大量落叶堆积发酵而成的土壤。

浇水空间
花盆中土壤表面到花盆上边缘的空间。
浇水时为了让泥土浸泡在水中而预留出的空间。

钾
和氮、磷一同被称为肥料的三要素。
能让根系长得壮实，提高植株的耐热耐寒性及抗病虫害的能力。

追肥
（参考第 138 页）

盲枝
（参考第 138 页）

抹芽
（参考第 138 页）

磷
和钾、氮一起被称为肥料的三要素。
可以令花色变得鲜艳，结出更多的果实。

修剪枝条
（参考第 139 页）

开花枝
顶端会开花的枝条。

根系盘结
盆栽种植的月季，根系长满花盆，
无法继续吸收水和养分的状态。

尿素（氮）
和钾、磷一起被称为肥料的三要素。
促进茎叶生长，使植物长得更健壮。

翻耕
（参考第 145 页）

土壤改良
让花园或花坛里的土壤成为适合植物生长的，
具有良好透气性、排水性、保湿性和保肥性的土壤。

有机物介质
指腐叶土、堆肥等以动植物为原料的介质。
能使土壤中的微生物活跃，起到肥沃土壤等作用。

底肥
（参考第 145 页）

换大盆
（参考第 146 页）

修剪定型
改善光照和通风或是整理株型时，为了更好地开花而修剪枝条。

牵引
将枝条和拱门等支撑物绑在一起，牵引到目标位置。

内芽
长势朝向植株内侧的芽点。

外芽
从植株中心向外侧生长的芽点。

黏着剂
使农药附着在叶子表面的辅助剂。

第一轮花
春季或秋季开花期第一波开的花。

枝变
同一棵植物突然产生变异现象，枝叶和花朵的特征变异。

授粉交配
不同植物间的授粉行为。

根团
盆栽植物从花盆里拔出时，
和土连在一起如同花盆状的根系。

抬高式花坛
用堆土堆砌成苗床较高的花坛（种植空间）。